全国高职高专规划教材——工学结合教材



# 作物病虫害调查与测报

郑兴国　主编

中国环境出版社·北京

图书在版编目（CIP）数据

作物病虫害调查与测报/郑兴国主编. —北京：中国环境出版社，2016.5

全国高职高专规划教材. 工学结合教材

ISBN 978-7-5111-2791-4

Ⅰ. ①作… Ⅱ. ①郑… Ⅲ. ①作物—病虫害防治—高等职业教育—教材 Ⅳ. ①S435

中国版本图书馆 CIP 数据核字（2016）第 096832 号

出 版 人　王新程
责任编辑　孟亚莉
责任校对　尹　芳
封面设计　宋　瑞

更多信息，请关注
中国环境出版社
第一分社

出版发行　中国环境出版社
（100062　北京市东城区广渠门内大街 16 号）
网　　址：http://www.cesp.com.cn
电子邮箱：bjgl@cesp.com.cn
联系电话：010-67112765（编辑管理部）
010-67112735（第一分社）
发行热线：010-67125803，010-67113405（传真）

印　　刷　北京中科印刷有限公司
经　　销　各地新华书店
版　　次　2016 年 5 月第 1 版
印　　次　2016 年 5 月第 1 次印刷
开　　本　787×960　1/16
印　　张　5.5
字　　数　100 千字
定　　价　18.00 元

# 编审人员

主　　编　郑兴国（南通科技职业学院）

参编人员　周小林（南通科技职业学院）

　　　　　羌　烨（南通市通州区植保站）

# 序　言

工学结合人才培养模式经由国内外高职高专院校的具体教学实践与探索，越来越受到教育界和用人单位的肯定和欢迎。国内外职业教育实践证明，工学结合、校企合作是遵循职业教育发展规律，体现职业教育特色的技能型人才培养模式。工学结合、校企合作的生命力就在于工与学的紧密结合和相互促进。在国家对高等应用型人才需求不断提升的大环境下，坚持以就业为导向，在高职高专院校内有效开展结合本校实际的“工学结合”人才培养模式，彻底改变了传统的、以学校和课程为中心的教育模式。

《全国高职高专规划教材——工学结合教材》丛书是一套高职高专工学结合的课程改革规划教材，是在各高等职业院校积极践行和创新先进职业教育思想和理念，深入推进工学结合、校企合作人才培养模式的大背景下，根据新的教学培养目标和课程标准组织编写而成的。

本套丛书是近年来各院校及专业开展工学结合人才培养和教学改革过程中，在课程建设方面取得的实践成果。教材在编写上，以项目化教学为主要方式，课程教学目标与专业人才培养目标紧密贴合，课程内容与岗位职责相融合，旨在培养技术技能型高素质劳动者。

# 前　言

植保专业是农业院校的传统专业，而植物病虫害的调查与预测预报是植保专业技术人员必备的基本功。我校长期坚持为植保专业学生开设病虫害调查与测报方面的课程，但课程内容和名称几经变化。首先是“害虫测报原理和方法”，其次是“病虫害测报原理和方法”。1994年11月，在我校召开的江苏省中等农牧学校植保专业教学计划研讨会，根据植保专业及有关课程内容上的特点，决定将本课程更名为“生物统计与病虫测报”，并责成我们主持制订了教学大纲。1996年，在参加全国农业职业院校“能力教育体系”改革试点研究的过程中，我们编写了农学类专业教改课程“病虫调查与短期测报”教学大纲。进入21世纪以后，根据招生、就业制度的变化和职业教育课程数增加而每门课时数减少的趋势，我们将生物统计内容剥离，课程更名为“病虫测报”，后改为现名“病虫害调查与预测”。20世纪80年代，我们以南京农业大学张孝羲先生等编写的《害虫测报原理和方法》为教材，在教学过程中再适当增减内容，但随着生源情况变化和教学规范化要求的提高，这样做已经不能适应要求，鉴于此，我们曾于1995年精心编写了校本教材《生物统计与病虫测报》。2007年，我们申报的《植物病虫害预测预报》被省教育厅确定为立项建设精品教材。现在，我们根据新的形势重新对教材进行了修订。

本教材主要用于高职高专的植物保护专业，也可作为高校农林类或种植类其他专业病虫害防治类课程的辅助教材，还可以供乡村、农林企业和城市园林部门生产技术人员参考。基于这样的定位，本书编者除高职院校“病虫调查与测报”类课程资深教师外，还吸收了农业企业的技术管理人员参加，使本书更具普适性，并体现校企合作的理念。内容更加注重在基层的实用性和可操作性，同时兼顾必要的理论知识和拓展技能，并注意纠正某些教科书上有关概念的讹误。对较难理解的概念、原理和方法，通过案例进行分析。本书将实验实训和项目实训内容一并编入，更便于“教学做”一体化的实现和项目化教学的实施。

本书主要介绍作物病虫调查与短期测报的基本原理和基本方法。全书内容分两大部分(模块):模块一的内容是作物病虫害的调查,除基本概念和原理部分外,按照调查的过程分为3个部分:抽样、观测与数据处理;模块二的主要内容是作物病虫害的短期测报,根据预测对象或内容分为害虫发生期预测、害虫发生量预测和病害预测等部分,还包括病虫害防治适期、对象田的准实时查测(两查两定)和病虫发生信息的发布。两个模块有一定的独立性,可以单独学习;相互之间又有联系(模块一可以作为模块二的基础)。

编　者

2015年7月

# 目　录

# 绪 论

人类在和作物病虫害的长期斗争中积累了丰富的经验。但是，病虫害的发生情况无论在宏观上还是微观上都在不断发生着变化。对病虫害的防治方法、时间和力度等也要随着病虫害发生情况的变化而改变，才能达到满意的防治效果、取得良好的经济效益并尽量减少对生态平衡的干扰。也就是说，要做好病虫害的防治工作，就必须先了解病虫害的发生情况。准确了解病虫害发生情况的唯一途径就是进行田间调查。即时调查可以为即将进行的防治提供决策依据。一般为了便于提前做好防治准备，还要对病虫害进行预测预报。所谓病虫害的预测预报就是人们在掌握病虫害发生发展规律，了解病虫害现状以及作物和环境因素现状和变化趋势的基础上，应用多种方法进行分析、综合，对病虫未来的发生期、发生量、危害程度以及扩散分布与流行趋势等发生动态作出估计，并将信息以适当途径向有关领导、部门和人员发布，使他们能及早作出防治决策并做好相关准备工作。病虫害、作物和环境的现状需要通过调查才能了解，病虫害发生发展的规律也要通过对病虫害及其环境因素长期系统的调查研究才能掌握，所以病虫害的调查和预测预报相辅相成，共同服务于病虫害防治的决策。

预测预报工作在植保工作中具有很重要的地位。首先，作为化学防治和生物防治决策的重要依据，搞好短、中期预报可以使化学防治和生物防治能够适时、适度地进行，避免无的放矢。这不仅有利于节省农本，提高农业生产的经济效益，也有利于保护环境，维护生态平衡，提高生态效益和经济效益。其次，搞好病虫系统监测及长期和超长期预测，可以为病虫害综合治理决策以及植保工作的长期规划和计划提供依据，也是做好防灾减灾工作的基础条件。

中国是世界上开展农作物病虫测报工作较早的国家之一。早在 20 世纪 30 年代，我国学者蔡邦华就曾应用气候图法对三化螟和飞蝗的发生分布区域进行了预测。1951 年，农业部就提出对东亚飞蝗进行冬季查卵和监测，接着开始了稻螟、粘虫、小麦吸浆虫的测报工作。1952 年全国治螟座谈会制订了中国第一个测报方案，即《螟情预测办法》。50 年代初，马铃薯晚疫病在中国暴发，华北马铃薯主产区严重减产。林传光等研究了该病侵染和流行规律，设计了观察中心病株在病圃中的发生发展情况来预测大田病情的方法，在河北北部、山西北部大面积应用于马铃薯晚疫病的预测预报。同一时期稻瘟病在江苏、辽宁、吉林和天津等省市严重发生，威胁水稻生产。中国植病专家研究稻瘟病发生规律，提出测定稻种、稻草带菌量，观测空中孢子活动情况，以及结合田间病情调查和物候观察等预测病情的技术方法。1955 年农业部颁布《农作物病虫害预报方案》，先后将马铃薯晚疫病、稻瘟病、小麦条锈病、东亚飞蝗、粘虫、棉红铃虫和稻螟虫等病虫列为全国测报对象，并制定了这些病虫的测报办法。1978 年 10 月农林部成立农作物病虫测报总站，负责全国主要病虫的预测预报及测报技术开发和管理，接着成立了 13 个省级测报站，从 1979 年开始，陆续投资建设区域性病虫测报站，组建了全国范围的迁飞性害虫和流行病害监测网。1987—1995 年，先后将小麦条锈病、稻瘟病、稻飞虱、棉铃虫等全国性重点测报病虫列为国家标准项目，按照国家标准，编制和发布了主要病虫害调查国家标准，提高了病虫测报资料的标准化水平。

病虫发生信息的发布方面也有长足的发展。过去主要依靠各级植保测报机构印发的病虫情报、明白纸等纸质媒体。近年来，随着现代科技的发展，以及国家支农惠农政策的加强，各种媒体为农服务的意识也在增强，宣传病虫发生信息的积极性明显提高。目前，除传统的病虫情报等途径外，在全国农技中心病虫测报处的组织和推动下，病虫预报电视发布已成为广大农民获取病虫害发生防治信息的主要渠道之一。据统计，全国已有 28 个省（直辖市、自治区）的 1 350 个县开展了病虫电视预报，预报对象涉及 90%以上的农作物中超过 60%的主要病虫害种类，有一半以上的农民收看这一节目。自 1999 年以来，全国农业技术推广服务中心与中国农业电影电视中心合作制作《病虫预报》节目，每周在中央七套（CCTV-7）定期播出。从 2009 年开始，根据农业部和中国气象局关于加强气象服务农业生产合作备忘录的有关精神，遇有重大病虫发生情况时，全国农技中心病虫害测报处可随时提供材料，以农业部和中国气象局名义，在中央一套（CCTV-1）新闻联播之后的天气预报节目中发布农业有害生物预报预警信息，而且，基本达到了当天送交当天播出的程度，进一步扩大了病虫测报在农业防灾减灾中的公共服务作用。除此之外，计算机网络在预报发布和信息服务中发挥了不可或缺的作用，近年来，很多植保机构都将其所做出的病虫预报放到相关专业网站上，为相关机构与广大农户及时了解病虫信息提供了方便。目前，手机短信也正在被开发成一种新的快捷预报发布方式。同时，广播、报纸等传统媒体也都主动加大了对病虫预报信息的宣传力度。病虫预报的发布正在由过去比较单一的文字形式逐步向多元化、形象化和可视化的方向迈进，在适时宣传动员，指导广大农民有效开展病虫害防治中发挥的作用越来越大。

可以说，新中国成立 60 多年来，特别是改革开放 30 多年以来，我国病虫测报工作蓬勃发展，测报技术水平和监测预警能力不断提高，为各级农业领导部门指挥重大病虫防治、减轻生物灾害发挥了重要的参谋作用，为保障国家粮食安全和主要农产品有效供给做出了重要贡献。

但是，我国病虫害调查和测报工作也还存在一定的问题，如已实施的国家农作物病虫测报行业标准数量有限；部分规范标准只达到了统一性未达到规范化、科学化；测报规范中的一些监测技术未能及时的与时俱进；新发、上升病虫害规范标准制定实施滞后；调查工具研究滞后、规范性差等。这就要求植保工作者要掌握病虫调查和测报的基本原理和方法，弥补有关标准、规范的不足，并在此基础上不断探索创新，使病虫调查和测报的整体水平跟上时代的步伐。

本课程是植物保护的专业核心课程，它帮助学习者了解作物病虫害调查和常规预测的基本原理、学会病虫害的常规调查和短期测报的基本方法、提高相关素质，为从事病虫害调查和测报工作打下良好的基础。课程内容分两大部分（模块）：模块一的内容是植物病虫的调查，按照调查的过程（抽样、观测与数据处理）分为 3 个部分（项目）；模块二的主要内容是作物病虫害的短期预测，根据预测对象或内容分为害虫发生期预测、害虫发生量预测和病害预测等部分，还包括病虫害防治适期和对象田的准实时查测等。各模块既有一定的独立性，相互之间又有联系（模块一可以作为模块二的基础）。

要学好本课程，学习者还要具备气象、植物及其生理、土壤、生态、作物栽培、生物统计、农业害虫防治、植物病理等相关知识。

# 模块一　作物病虫害的调查

作物病虫害的调查就是通过观察、测定等方法对一定范围内某种病虫害的发生情况及其环境因素进行比较全面或系统的了解。

调查内容有病虫种类、分布、生物学特性、群体结构和特征、群体数量变动规律、为害程度和损失等。

调查可分为 3 种类型：①普查。用于了解当地各种作物或某种作物上病虫害的种类、分布特点、为害损失程度等，或当年某种病虫害在各阶段发生的总体情况。一般调查面积较大，范围较广，但较粗放。②系统调查。用于了解病虫在当地的年生活史或某种病虫害在当年一定时期内发生发展的具体过程。一般要选择、确定有代表性的场所或田块，按一定时间间隔进行多次调查，每次都要按规定的项目、方法进行调查和记载。③专题调查。用于对病虫害发生发展规律、调查或防治中的某些关键性因子或技术进行研究。这类调查要有周密计划，并与田间或室内试验相结合。

调查的手段或方法有访问法、采集法、诱集法、孢子捕捉法、观察圃或系统观察田调查法、大田调查法、实验观察法、人工培养和饲养法等。最常用的是田间调查和诱集法等。

根据调查目的，作物病虫害的调查可以分为两大类：一类是生产性调查。目的是了解生产田中病虫害发生和为害程度、范围，以指导防治。这类调查应该选在该种病虫害的防治适期或发生盛期，或作物形成产量的关键生育期；另一类是监测性调查，是掌握病虫害发生动态和规律，最终服务于预测预报和防治策略研究，为此需要进行连续多次的系统调查。

无论哪种调查，都要对作物上的病虫进行观测，以获得反映病虫害发生情况的数据。虽然作物病虫害的调查有一定的范围，但一般也不可能对这个范围内的全部作物上的病虫进行观察、测定，因为这样做太费时、费力。我们一般只能进行“抽样调查”。所谓“抽样调查”就是从要调查的全部对象中按照一定程序和方法抽出部分对象来进行观测，然后以这部分对象的情况代表（或推知）全部对象的情况。对于作物病虫害的调查而言，就是从一定范围内全部寄主作物植株中抽出若干植株来进行观测，并以这若干植株上的观测结果代表或推测整个调查范围内作物病虫害的情况。

**【案例 1-1】**上海农场技术员为了了解一块有 2 000 株棉花的棉田中三代棉铃虫的数量，在这块田的两条对角线上均衡选取了 5 个点（位置），在每个点选了 10 株棉花（图 1-1），观察计数每个植株上的棉铃虫卵和幼虫，50 株棉花上共观察到 16 粒（或头）（表 1-1），由此可以估计这块棉田（2 000 株棉花）上棉铃虫的虫口密度：

$$百株虫量=\frac{16}{50}\times100=32粒（或头）$$

由案例 1-1 可见，一次调查有三大步骤：抽样、观测和数据统计。本模块先结合上述案例介绍抽样调查的有关基本概念和原理，然后学习田间抽样调查三大步骤的基本方法。

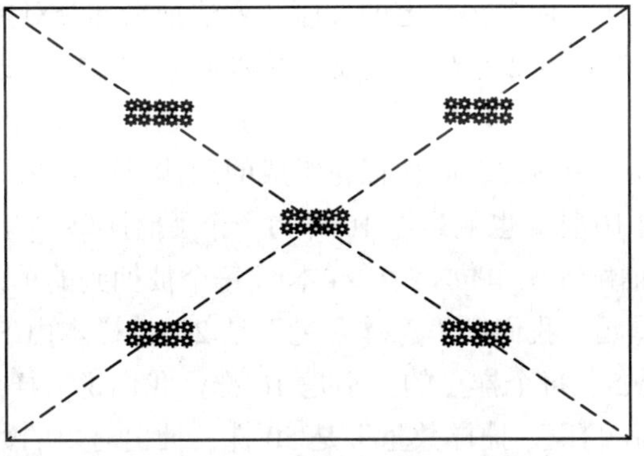

图 1-1 棉铃虫虫量调查取样示意图

表 1-1 5 个点的棉铃虫数量

| 点号 | 各株卵、幼虫数量/粒（或头） |
| --- | --- |
| 1 | 0，0，1，1，2，0，0，0，0，0 |
| 2 | 0，0，0，4，0，0，0，3，0，0 |
| 3 | 0，1，1，0，0，0，0，0，0，0 |
| 4 | 1，0，0，0，0，0，0，0，0，0 |
| 5 | 0，0，0，0，0，0，0，0，0，2 |

# 单元一　抽样调查的有关概念和原理

## 一、总体和样本

在调查中，我们把要了解的全部对象的集合或其载体叫作“总体”，例如，案例 1-1 中，2 000 株棉花组成的集合或这块棉田就是这次调查的总体。理论上讲，总体有无限总体和有限总体之分，而实际研究的总体多为有限总体。有限总体也有大有小（不同的调查，范围有大有小，总体中的个体数有多有少）。例如，要了解一个县内某种作物上某种害虫的发生情况，则全县该种作物的集合应作为调查的总体，或者笼统地说全县就是一个总体，这个总体远远地大于一块田。一个大的总体可以分为若干个亚总体。

抽样调查就是从总体中按一定的程序和方法抽出部分对象进行考察，并由此估计整个总体的情况。这部分对象组成的群体叫作“样本”，抽出样本的过程叫作“抽样”或“取样”。案例 1-1 中，采用的是五点取样法，每个点抽 10 株，共抽了 50 株，组成样本，用来代表 2 000 株棉花组成的总体。这 50 株从 5 个不同位置（点）抽出，每个位置抽 10 株。也就是以 10 株为一个“抽样单位”，从总体的 200 个单位（总体单元）中抽出 5 个单位（组成样本）。每个被抽到的单元称为一个“样点”。总体中有 200 个单元，我们说“总体含量”是 200；样本由 5 个样点组成，我们说“样本容量”是 5；每个样点的大小是 10 株，我们说“样点含量”是 10 株；总共抽出 50 株，我们说“抽样数量”是 50 株；抽出对象的数量（即抽样数量）占对象总数量的比例为 50/2 000＝2.5%，或样点数（样本容量，也即抽出的单元数）占单元总数（即总体含量）的比例为 25/500＝2.5%，我们说“抽样分数”为 2.5%。

## 二、随机抽样与非随机抽样

常规抽样方法按其性质可分为随机抽样与非随机抽样两大类。

### （一）随机抽样

所谓随机抽样是指总体中每个单元被抽到的机会是均等的，到底抽出哪些则要用特殊的方法来确定。具体做法是先将总体中所有单元按单向或两向顺序编号，然后用抽签法、随机数字表法、Excel 软件的随机函数和随机抽号软件确定若干个号码，这样各样点的位置也就随之确定了。用这种方法所得结果很少含有操作者的主观性，一般代表性也较好。其最大优点是，我们通过分析样本中各样点观察值间的变异可以了解抽样误差的大小。因此，当我们用比较的方法深入研究病虫害发生的规律时，宜采用随机调查。随机抽样的缺点是方法较繁琐，特别是总体含量较大时尤为明显。

**【案例 1-2】**为了研究棉铃虫卵的分布型，在一块有 1 920 株棉花的棉田中随机抽取 100 株，观测每株上的卵量。该田块中棉株排成 40 行、48 列（图 1-2，每个小方格代表 1 株棉花，格子中的数字代表卵量）。拟以 2×2 株为单位随机抽取 25 个点。

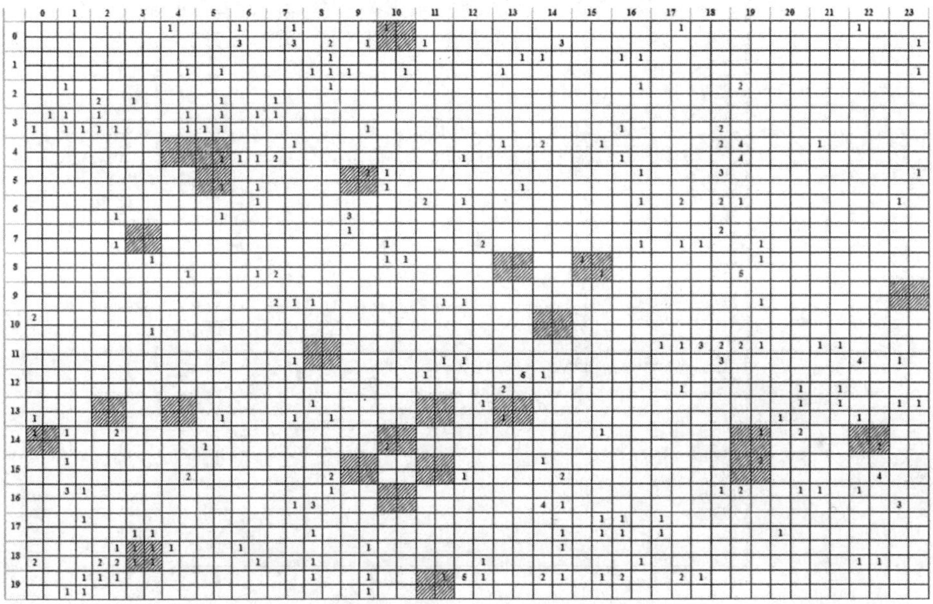

图 1-2 棉铃虫卵量实况图及随机抽样结果

具体做法是：

（1）先在总体中划分出所有单元。每个单元占 2 行、2 列，共 480 个单元，排成 20 行、24 列。

（2）给所有单元编号。由于单元很多，又排成整齐的矩形，所以采用两向编号（行号和列号）：行号 0～19，列号 0～23，每个单元的位置由一个行号和一个列号共同确定。

（3）用 Excel 软件确定 25 个随机行号和 25 个随机列号。新建一个 Excel 空文档，在 A1 单元格输入“=INT（RAND（）*20)”，在 B1 单元格输入“=INT（RAND

() *24)”，然后将第 1 行的公式向下复制 25 行以上（如果出现点重复——后面某行 A、B 列的数字与前面某行相同——的情况就可以补充），得到图 1-3 所示的两列数字，某一行中 A 列和 B 列的数字分别代表一个样点所在的行号和列号。从上向下依次取 25 行数字作为 25 个样点所在单元的号码。

（4）根据样点所在的行号和列号找到样点的位置（如图 1-2 中的阴影部分）。

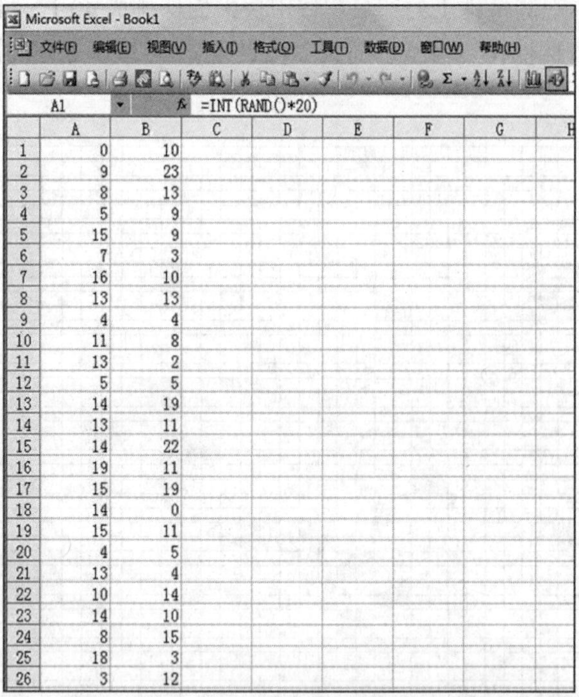
Microsoft Excel - Book1

文件(F) 编辑(E) 视图(V) 插入(I) 格式(O) 工具(T) 数据(D) 窗口(W) 帮助(H)

A1 =INT(RAND()*20)

| | A | B | C | D | E | F | G |
|---|---|---|---|---|---|---|---|
| 1 | 0 | 10 | | | | | |
| 2 | 9 | 23 | | | | | |
| 3 | 8 | 13 | | | | | |
| 4 | 5 | 9 | | | | | |
| 5 | 15 | 9 | | | | | |
| 6 | 7 | 3 | | | | | |
| 7 | 16 | 10 | | | | | |
| 8 | 13 | 13 | | | | | |
| 9 | 4 | 4 | | | | | |
| 10 | 11 | 8 | | | | | |
| 11 | 13 | 2 | | | | | |
| 12 | 5 | 5 | | | | | |
| 13 | 14 | 19 | | | | | |
| 14 | 13 | 11 | | | | | |
| 15 | 14 | 22 | | | | | |
| 16 | 19 | 11 | | | | | |
| 17 | 15 | 19 | | | | | |
| 18 | 14 | 0 | | | | | |
| 19 | 15 | 11 | | | | | |
| 20 | 4 | 5 | | | | | |
| 21 | 13 | 4 | | | | | |
| 22 | 10 | 14 | | | | | |
| 23 | 14 | 10 | | | | | |
| 24 | 8 | 15 | | | | | |
| 25 | 18 | 3 | | | | | |
| 26 | 3 | 12 | | | | | |

图 1-3 利用 Excel 的随机函数确定样点所在单元的号码

本例中单元也可以单向编号（0～479）；抽号也可以不直接用随机函数，而是编写一段代码（程序）在 Excel 中作为宏运行（详见实验实训一）。

## （二）非随机抽样

非随机抽样与随机抽样相反，总体中各单元被抽到的机会是很不相同的，样点的分布很有规律。较常用的方法有：

1. 顺序抽样

在自然呈线性排列的单位中顺一定方向等距离抽取样点；或将所有单元单向连续编号，然后按一定间隔抽取号码（图 1-4）。第一个样点人为确定。

图 1-4 顺序抽样示意图

2．格式抽样

格式抽样就是按一定格式抽取样点，如案例 1-1 中使用的“五点式抽样”（其他各种格式将在单元二中具体介绍）。格式抽样常用于田块内抽样或总体单位分布在同一个平面上的情况。

3．典型抽样

典型抽样是根据抽样者对总体情况的了解，抽出有代表性的样点。

非随机抽样的优点是简便易行。其中一个缺点是样点的确定带有较明显的主观性，当调查对象聚集性较强时，顺序取样的调查结果可能会有较大的偏性。另一个突出缺点是从其调查结果不能分析抽样调查误差的大小。

## 三、分级抽样与分类抽样

前面所举的抽样的例子，都是从一个总体中直接抽取若干同质样点，这样的抽样称为“简单抽样”。当总体含量很小时易进行简单抽样。当总体实际范围很小时，进行简单抽样调查可获得具体的观察值，如在一块撒播麦田中查粘虫幼虫密度，可以抽取 10 个点，每点 0.5 $m^2$，用盆拍法查幼虫数量。

当总体范围很大时，要获得具体的观察数据，仅进行一步简单抽样调查是难以实现的，即使能够实现，其结果也是不准确的。在这种情况下，我们可以先从总体中抽出若干个含量较大的抽样单位（称为初级单位），然后再从初级样点中各抽出若干含量较小的抽样单位（次级单位），……如此按抽样单位从大到小的顺序分步逐级进行简单抽样（每步抽样中上一级样点视作总体），直到被抽的样点含量符合抽样的目的要求为止。最后一步抽样可称为“基础抽样”，所得样点称为“基本样点”。基本样点通常应较小，以便于直接进行考察而获得具体的数据。分级抽样是很常见的。例如，我们要普查全县小麦上粘虫发生的情况，就不可能在全县所有麦田中直接抽取若干个 0.5 $m^2$ 的样点来进行考察。我们可以先抽若干个乡，再从抽出的乡中各抽若干个村，然后在村中抽组，组中抽田块，直至在所抽田块中抽出若干大小为 0.5 $m^2$ 的基本样点，进行观察计数。最后将所得原始数据逐级汇总。又如，调查果园叶部病害，可先从果园中抽出若干棵果树，再从这些果树上各抽若干枝条，若嫌枝条上叶片数过多而使工作量太大，可以抽查所选枝条上某个部位的若干叶片，作为基本样点，进行观察记录。在系统测报中，县植保站要选择若干乡设观测点，进行系统调查。虽然每次调查的前两级样点是相对固定的，但就抽样的全过程看，仍采用了分级抽样的原理。

有时在总体的不同区域（地块或群体）之间，由于自然条件或人为因素的不同，其病虫发生情况存在明显的差异。这时我们不宜笼统地进行抽样，而应先将总体划分若干个部分（类型），使每个部分内部病虫发生情况基本一致，然后在各部分分别进行简单抽样或分级抽样。这样的方法叫作“分类抽样（分层抽样）”。抽样数目一般按各部分的大小或变异程度进行分配，也可以进行等分配置。如在一个土壤分布情况复杂的县调查地下害虫，应先按土质和作物布局等将全县划分为若干个片区，然后分别在各片区进行抽样调查。常规测报中进行病虫发生情况调查时，要区分不同的类型田，然后在各类型田中分别再选择田块，采用的即是分类抽样法。

## 四、抽样调查的误差及其控制

反映总体真实情况的数值称为“真值”，真值一般是无法得到的。通过抽样调查获得的是样本值。样本值和真值之间总是存在着一些差异，这种差异就是抽样调查的误差。

抽样调查的误差来源于两个方面，可采用相应的措施加以控制。

### （一）抽样误差

病虫的发生情况不是处处相同的，总体的各单位间有变异，而我们的调查只是抽查而不是全查，这就不可避免地会产生误差，这种误差可以称作“抽样误差”，其大小与总体内部病虫害发生情况的变异程度（图 1-5）成正相关，与抽样数量成反比。降低抽样误差的途径有两条：一是增大抽样数量，其中增大样本容量对降低抽样误差更为有效；二是要采取合理的抽样方法，在设计抽样方案时，要充分考虑抽样调查的目的、总体的状况、病虫田间的分布型和为害特点、寄主作物的生长特点等，采取合适的样点布局、样点形式和大小。

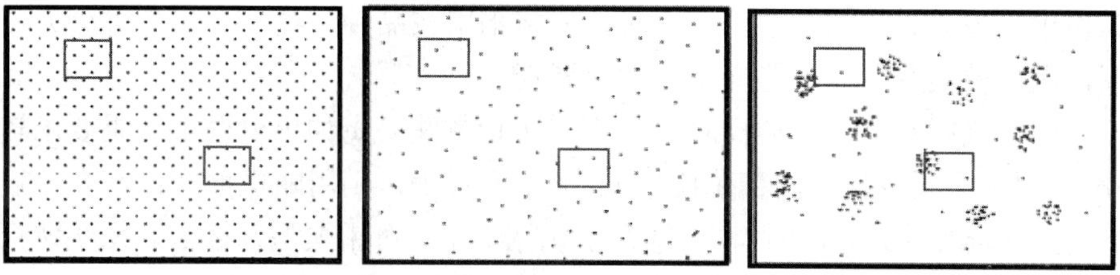

1 2 3

1．总体变异程度为 0（害虫个体或病害株分布均匀）；

2．总体变异程度小（害虫个体或病害株分布较均衡）；

3．总体变异程度大（害虫个体或病害株有的地方较密，有的地方较稀）

图 1-5 不同的变异程度示意图

（二）检查偏差

因检查方法、时间等不适当，或操作时不细心、不认真而发生疏漏或错误，造成误差。这种误差可以称为检查（观测）偏差。我们要充分了解病虫害的特点，不断改进调查技术，增强工作责任心，以尽量减少检查偏差的发生。

# 单元二 田间调查中的抽样

## 一、大范围抽样的组织

（一）大范围抽样的步骤

大范围抽样，一般要按照分级抽样的原理进行逐级抽样，如单元一“分级抽样与分类抽样”部分介绍的全县范围调查小麦粘虫和果园调查叶部病害的例子。最后一级样点称为“基本样点”，而前面几级样点称为“高阶样点”。

（二）大范围抽样中高阶样点的抽取

高阶样点一般可以从某级单位中直接抽出，如从全部乡镇中直接抽出几个乡镇。如果某级单位彼此间差异比较大，则应进行分类抽样，如单元一“分级抽样与分类抽样”部分介绍的在土壤情况复杂的县调查地下害虫的例子。在同一个地方调查时，也要考虑不同类型田中病虫害发生情况的不同，要分别选取有代表性的田块进行调查。如调查水稻螟虫时，要将稻田按品种、播期、长势等分为若干类型，在每种类型中分别选择田块进行调查。

在同一级同类单位中抽样时，一般有 3 种方法：①如果对调查结果要求较高（如准备用于不同条件下的精确比较），或单元较少，则用随机抽样；②在一般情况下（如普查），可用顺序抽样；③在系统调查中，可用典型抽样法。系统调查是预测性调查的一种类型，需要连续多次对同一种病虫进行定点调查。

## 二、田块内的抽样

### （一）田块内样点的布局

样点布局指样点怎么摆布，或如何确定样点的位置。田块内抽样通常采用一定的格式。

1．田块内抽样的常用格式

（1）五点式　5 个样点均衡分布于田块的两条对角线上，适合于较小或近方形的田块（图 1-6）。

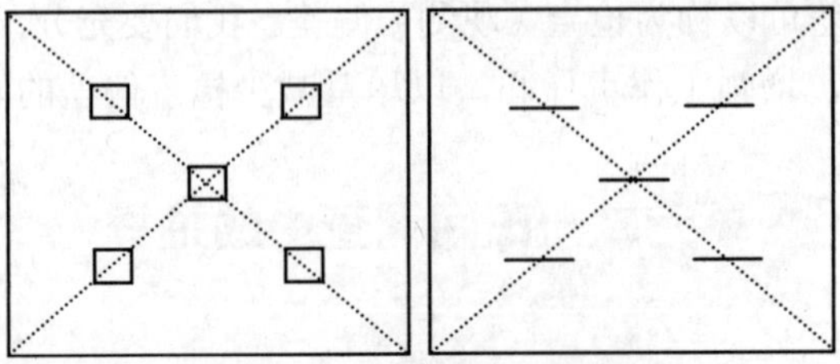

图 1-6　五点式抽样示意图

（2）对角线式　有单对角线式和双对角线式两种，即样点均匀分布于田块的一条或两条对角线上，一般多于 5 个，但又不是很多（图 1-7）。

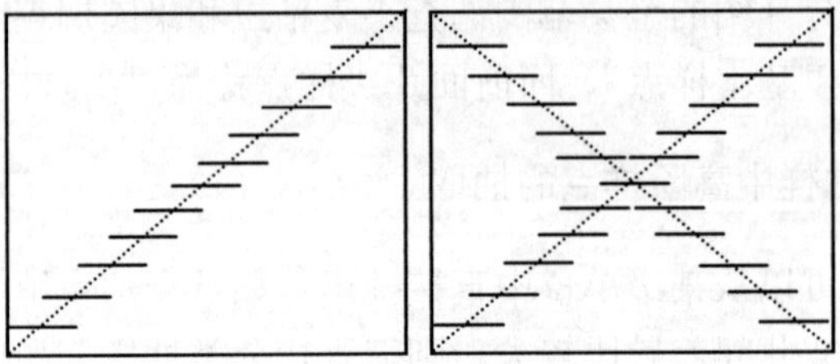

图 1-7　对角线式抽样示意图

（3）棋盘式　将田块划分成若干行等面积的方格，每隔一个方格选一个方格，样点取在该方格的中央，相邻行所取方格交错分开。这样所选方格的分布形似国际象棋盘上深色区的分布，所以这种抽样称为棋盘式抽样。又由于在田间检查样点时行走的路径形似字母“W”，故又称 W 形（图 1-8）。

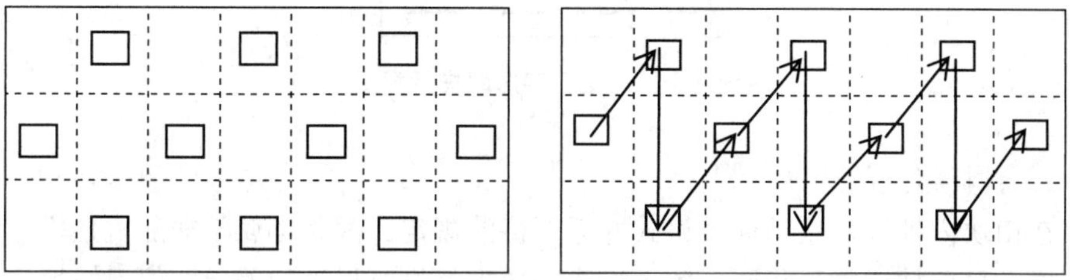

图 1-8　棋盘式（W 形）抽样示意图

（4）平行线式　顺作物行取样。取样行应在田块内均匀分布，行数根据具体情况可多可少。若取样行很少，则可以全查或做跳跃式取样（直行式）；若取样行很多，则可以隔段跳跃式取样（平行跳跃式）。（图 1-9）。

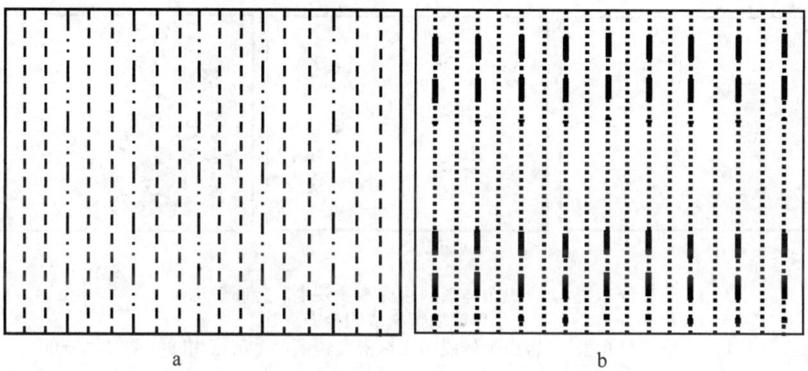


a. 直行式—··—　表示取样行；b. 平行跳跃式 ········ 代表取样行 ▬ 代表取样段

图 1-9　平行线式取样示意图

（5）“Z”字形形式　样点在田块内的分布呈“Z”字形，一般田边样点较少，对角线上的较多（图 1-10）。

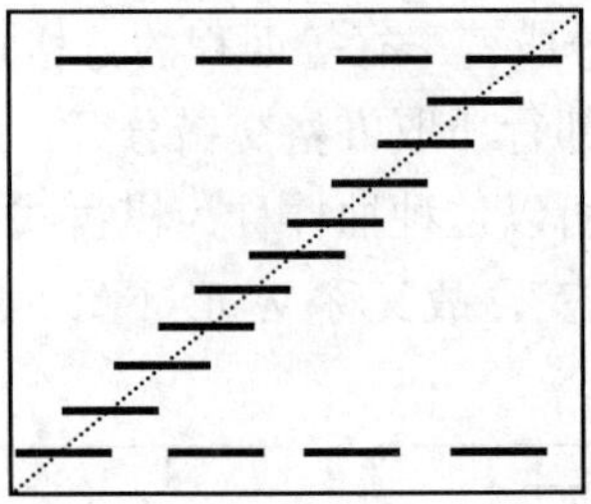

图 1-10　“Z”字形取样示意图

2．抽样格式的选择

在田块内抽样，采用何种格式并无严格的规定。因为都属于非随机抽样，性质一样，只要抽样数量相同，各种格式的效果就没有显著的差异。但习惯上一般根据害虫或病株在田间水平方向的分布特征（分布型，图 1-11）来选择抽样格式：

（1）对象呈核心分布的，用平行线式和棋盘式等格式取样。

（2）对象呈嵌纹分布的，用“Z”字形式取样。

（3）对象呈随机分布的，用各种格式都可以，以五点式最简单。

（4）对象分布型不明时，一般不采用五点式等点数少的方法。

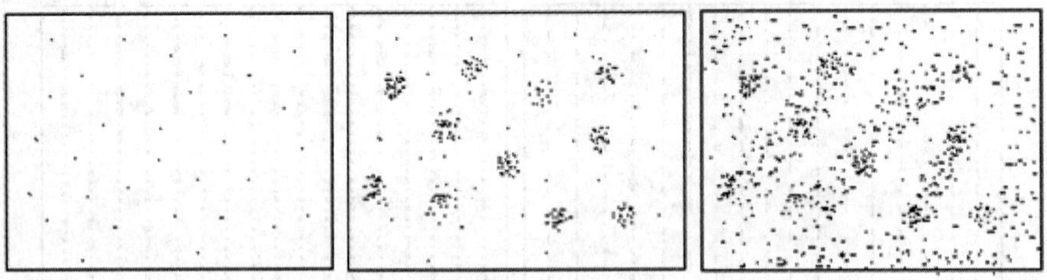

a　　　　　b　　　　　c

a. 随机分布型　害虫个体或病害株密度较小，分布较均衡

b. 核心分布型　害虫个体或病害株成团分布

c. 嵌纹分布型　害虫个体或病害株密度较高，呈疏密相间的条纹状分布

图 1-11　常见病虫分布型示意图

之所以有这样的分别，实际上主要原因不在于格式本身而在于不同格式所适宜的样点数目、形式和大小不同，而对不同分布型的病虫进行抽样调查时，对样点数目、形式和大小的要求是不同的。

还应当指出的是，田块内抽样并非只能采用顺序取样法。如果在之前的抽样阶段未采用随机抽样，则必要时可在田块内采用随机抽样，以便能根据调查结果估计抽样误差。另外，系统调查中，在同一田块内进行多次同格式取样调查可能会造成植株损伤而带来偏差，所以从控制误差和便于估计误差来考虑，如果条件允许，还是采用随机抽样更为适宜。

### （二）基本样点的形式

确定田块内样点的形式时应考虑所调查的病虫种类、虫期、习性、生境和作物种类、种植方式、生育期等因素，同时也要考虑病虫在田间的分布状况等，基本样点一般有以下多种形式。

（1）行式样点。又称线形样点，表现为一定长度（图 1-12），适用于密植而成行（条播）的作物上的病虫。如调查条播麦田粘虫幼虫密度，可用棋盘取样，每点查 1 m 长的双行。对聚集分布的病虫也宜采用线形样点。

（2）区式样点。又称方形样点或矩形样点，表现为一定面积（图 1-13），适用于散播密植作物上的病虫或地面、地下害虫或低密度的病虫。如调查散播麦田粘虫幼虫密度，每点可查 0.5 $m^2$。

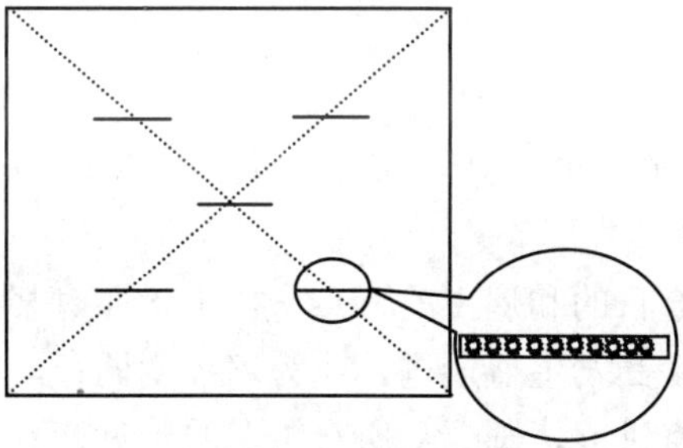

图 1-12 行式（线形）样点示意图

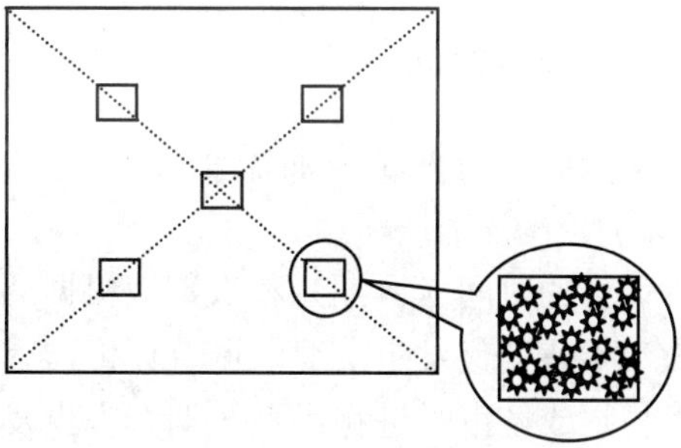

图 1-13 区式（矩形）样点示意图

（3）立体样点。表现为一定体积，适用于高密度地下害虫、木材害虫等。如调查稻象甲越冬幼虫密度，可在调查田块中行五点取样，每点取 20 cm×20 cm×（8～10）cm 的土样。

（4）植株或器官。适用于植株较大、株行距较大的作物上的病虫，或体小、活动性差而密度高的害虫，或钻蛀性害虫和某些病害。以植株整株或某一器官、部位如枝条、嫩梢、果实、蕾、花、叶片等为单位。

（5）其他形式（称重、计时、诱集器物、采集器物等）。

### （三）确定抽样数量及其构成的原则

前面讲过，增大抽样数量可以减少抽样误差。抽样数量是由两个因素构成的，一是样本容量（样点数），二是样点含量（样点大小）。虽然增大样本容量和增大样点含量都可以增大抽样数量，但统计学原理表明，增大样本容量对减少抽样误差所起的作用更大一些。

在抽样中，增大抽样数量会增加最后观测（检查）阶段的工作量。如果适当减少样点含量同时相应地增大样本容量，就可以既不用增加抽样数量，又能减少抽样误差。当调查对象聚集性较强时，采用大样本配合小样点尤为必要。因为调查对象总体中的变异程度大，其本身造成的抽样误差就大些，用较大的样本容量可以有效地控制抽样误差，同时较小的样点可以控制抽样数量以控制工作量。当调查对象呈随机分布时，可以抽取较小的样本以减少抽样过程中的工作量，同时用较大的样点以维持一定的抽样数量。在同种类型中，调查对象的密度越低，则所需样本容量也越大些。

## 单元三　田块内样点的检查

### 一、检查时间

检查时间有两个方面需要考虑，一是调查的日期，二是一天当中何时检查为宜。

调查的时间（日期）和次数应根据调查目的和病虫的特点来决定。如对某种病虫当年或当代发生情况的调查评价，宜在其发生盛期进行；为害程度调查，在为害稳定或结束时进行；系统调查害虫发育进度，则要从所查虫态的始见期到终见期，进行多次调查。其间隔期视调查对象的发育速度而定，发育速度快者间隔要小。若为具体指导当前的田间防治，则要在防治适期（根据上级测报部门的情报）前的较短时间进行调查。

一天当中何时检查，在害虫的调查中必须考虑。要根据害虫活动的特点及其他因素（如作物生长特性和气象因素）选择适当的检查时间。表 1-2 是一些害虫的适宜的检查时间。

表 1-2　几种害虫适宜的检查时间

| 害虫种类 | 检查项目 | 检查时间 | 原理 |
| --- | --- | --- | --- |
| 稻象甲 | 毒草把上诱得的成虫量 | 晚上 | 成虫主要在早晨和傍晚活动 |
| 二化螟 | 性诱剂水盆中的成虫量 | 清晨 | 成虫夜晚活动；长时间浸泡后不易鉴定 |

| 害虫种类 | 检查项目 | 检查时间 | 原理 |
| --- | --- | --- | --- |
| 稻纵卷叶螟 | 赶蛾 | 清晨 | 成虫凌晨以后隐蔽田中，受惊后短距离飞行；清晨有露水，拨动的稻株容易看出 |
| 棉红铃虫 | 虫害花 | 上午 | 棉花上午开花，下午闭花。上午观察容易区分正常花和虫害花 |
| 大豆食心虫 | 赶蛾 | 傍晚 | 成虫傍晚活动，在叶面上交配 |
| 豆杆黑潜蝇 | 目测成虫量 | 7—9 时 | 此时为成虫活动、交配高峰时段 |
| 金龟甲 | 目测成虫量 | 傍晚 | 成虫黄昏出土，夜间活动，黎明以后隐蔽 |

## 二、检查方法

### （一）观察方法

对比较暴露、活动性不强，虽然活动性较强，但体型较大的昆虫以及病虫在植物表面的发生情况，对植株地上部分的为害情况等可直接观察。

对较隐蔽的，或虫体小且活动性强的，或有假死性的昆虫等进行调查，宜先用采集工具将它们搜集起来再进行检查。如采用盘拍和网捕等手段采集地上部分的昆虫，盘拍时要在瓷盘中涂些黏着剂，如油和凡士林等，以便于检查。对地下害虫要挖土检查，对个体大的可掰开土块直接检查，对个体很小的则要淘土检查。挖查时可区分不同土壤深度分别进行，以获得更多的信息。挖土工具宜采用一定规格的取土器，既准确又方便。

有些昆虫是钻蛀性的，可在田间剥查，必要时将带虫（卵）植株带回室内检查。有些从外表或凭肉眼难以观察的情况要在室内借助于一定的工具来检查，如镜检植物组织中的卵量、卵中胚胎发育程度、雌成虫卵巢发育情况、孢子捕捉器玻片上的病菌孢子数等。

### （二）计量方法

1. 简单计数法

对多数害虫和受害植株等可以一一清点，得到其数目。

最后可计算虫口密度［头/$m^2$、头/株（或百株）］和受害率（%）等，用来直观地反映虫口数量多少，受害植株的普遍程度。

2. 目测分级法

有时精确地计数是很困难的，象蚜虫之类虫体小而密度又较高的种类就难以准确计数。解决的办法是改用相对数值来表示虫量的多少。

其方法是目测估计样本植株（或器官）上大概的害虫数量，对照事先制定的标准，确定各植株（或器官）上虫量所属的级别。最后进行数据统计时先统计各级植株（或器官）数，再按一定方法计算一个虫量（或虫害）指数，用来相对地表示虫量多少，称为相对数值。

**【案例 1-3】**棉蚜个体小、密度高，为了简化调查，计量时宜采用目测分级统计法。具体做法是：选择有代表性的田块，然后在所选田块中 5 点取样，每点 20 株，目测估计每株棉苗顶部 3 张叶片上的大致蚜虫数，并根据表 1-3 所列标准确定各株蚜量级别。然后统计各级植株数，并按下式计算蚜量指数：

$$蚜量指数 = \text{I}级株数\times1+\text{II}级株数\times5+\text{III}级株数\times10$$

表 1-3　棉蚜数量分级标准

| 蚜虫数/头 | 级别 |
|---|---|
| 0 | 0 |
| 1～10 | I |
| 11～50 | II |
| ＞50 | III |

有人调查了某田块中棉蚜虫口密度，依上述方法抽查 100 株棉苗，得到各株上蚜量的级别值。然后统计各级株数，统计过程和结果如图 1-14 所示。最后计算蚜量指数：

$$蚜量指数 = 1\times1+54\times5+44\times10 = 711$$

在飞虱等害虫的调查中也有人运用此法。另外，在病害的调查中也广泛采用相对数法。因为病害在植株上的为害程度往往表现为一定的病斑面积或大小不一的病斑个数，这些也难以精确测量和计数。

| 级别 | 记录符号 | 株数统计 |
|---|---|---|
| I | 一 | 1 |
| II | 正正正正正正正正正正𤴓 | 54 |
| III | 正正正正正正正正𤴓 | 44 |

图 1-14　棉蚜各级株数统计

**【案例 1-4】**在小麦赤霉病调查中，通常将麦穗上小麦赤霉病的严重度分为Ⅰ、Ⅱ、Ⅲ、Ⅳ级，标准分别为病小穗占全穗的 1/4 以下、1/4～1/2、1/2～3/4、3/4 以上。每次调查 200～500 穗上赤霉病的严重度等级，然后计算病情指数：

$$\text{病情指数}=\frac{\sum(\text{病级}\times\text{该级穗数})}{\text{调查穗数}\times 4}\times 100$$

3．分样计数法和容积法

有时所得虫量很大，也难以一一数清楚。如金龟子成虫高峰期，灯下虫量往往很大，可采用分样计数法。即将全部虫子分为若干等份，然后清点其中一份的虫量，推算全部的虫量。对小型昆虫当其数量很多时可采用容积法计数。如蚜虫可先将其装满一只小指形管，清点其中蚜虫数，然后用该指形管作为量具，“量”出全部蚜虫数。这样的方法虽然不是非常精确，但因计数对象数量大，所以少量的误差并不影响大局，而工作量却大大减轻了。

### （三）原始数据的记录方法

在室内进行检查所得数据可以很方便地记录下来，一个人就可以边检查边记录。

但在田间一个人既要进行检查又要做好笔录就比较困难了，尤其是对很多小而密集的植株，不仅费时还可能造成检查的疏漏。若改笔录为录音就可以解决这个问题。下田时携带录音设备，检查一个样点之前揿下录音键，然后一边检查一边口报数据，由录音机记录下来，两样点数据录音之间应间隔一段时间，全部样点检查完毕后回室内放音并笔录数据。若有两人以上下田调查，可以由一人专门记录。

记录原始数据宜事先制好记录表。如调查二代棉铃虫卵量，在田块内取 5 点，每点 20 株，其记载表如表 1-4 所示。

**表 1-4　棉铃虫卵量调查原始记载表**

时间　　　　　　地点　　　　　　地块　　　　　　调查人

| 样点号 | 株号 | | | | | | | 备注 |
|---|---|---|---|---|---|---|---|---|
| | 1 | 2 | 3 | 4 | 5 | 6 | 7，…，20 | |
| Ⅰ | | | | | | | | |
| Ⅱ | | | | | | | | |
| Ⅲ | | | | | | | | |
| Ⅳ | | | | | | | | |
| Ⅴ | | | | | | | | |

原始资料要长时间保存以备查，所以记录笔迹应清楚、牢固。

## 单元四 调查数据的简单处理

原始调查数据通常是一个个孤立的数字，只有经过适当的处理才能反映病虫害的发生情况。调查数据的简单处理包括数据的汇总整理和计算等。

### 一、病虫害发生情况的常用指标及其计算

（一）被害率（或有虫株率、白穗率、卷叶率等）

表示害虫的为害程度。先抽查一定数量的植物个体（株、穗、叶等），然后计算。

$$被害率(\%)=\frac{被害个体数}{调查(样本)个体}\times 100$$

（二）虫口密度

1．单位面积上的虫量

$$虫口密度=\frac{查得的总虫数}{调查(样本)面积}$$

2．一定数量植株（或器官）上的虫量

虫口密度比较低时用百株（或穗、铃、穴等）虫量表示，密度很大时也可用单株（或穗、铃、穴等）虫量表示。

$$百株虫量=\frac{查得的总虫数}{调查(样本)总株数}\times 100$$

（三）虫量（害）指数

虫量指数或虫害指数有几种计算方法，因虫而不同。

1．一般情况

$$虫量(害)指数=\frac{\sum(虫量级数或受害级数\times 该级个体数)}{调查(样本)总个体数\times 最高级数}\times 100$$

2．变化情况

有时为了反映不同级别的重要性，用代表值来代替级数；当抽样数量固定时，计算式的分母可不用，式后的“×100”相应去掉。如案例 1-3 棉蚜蚜量指数的计

算公式。

（四）发育级占比和发育进度

1．发育级占比

发育级指在一个虫态内按发育进程细分的若干个阶段，如幼虫有 1 龄、2 龄、……、卵、蛹和成虫都可以进行分级。发育级占比反映某时刻种群中不同年龄个体的比例。

$$\text{某发育级占比}=\frac{\text{该发育级个体数}}{\text{同种昆虫总个体数}}\times 100\%$$

2．发育级进度

指昆虫种群中进入该发育级的个体比例（该发育级的累积占比）。

某发育级进度＝该发育级占比＋后一发育级占比＋…＋最后一个发育级占比

（五）普遍率（发病株率、病果率、病叶率等）

用于表示发病个体（株、茎、果、叶等）的普遍程度。

$$\text{普遍率}=\frac{\text{发病个体数}}{\text{调查(样本)个体数}}\times 100$$

（六）严重度和病情指数

严重度是指发病个体（叶、秆、穗、株、穴等）的受害程度，用等级表示。病情指数反映作物的总体受害程度。

$$\text{病情指数}=\frac{\sum(\text{病级数或代表值}\times\text{该级个体数})}{\text{调查(样本)总个体数}\times\text{最高级数或代表值}}\times 100$$

（七）损失率

损失主要表现为产量或经济收益的减少，常以相同生产水平下同面积的受害田（或未防治田）与未受害田（防治田）的产量或经济产值的对比来计算。如：

$$\text{产量损失率}=\frac{\text{未受害区产量}-\text{受害区产量}}{\text{未受害区产量}}\times 100$$

## 二、调查结果的记载

病虫害的调查，除了要记录和保存其原始数据外，对经汇总、整理得到的调查结果要进行正式的记载，以便进行进一步分析比较和积累资料。记载常采用表格形式。表格应根据调查对象、目的和内容等设计，力求简要而又不失全面，能反映病虫害的总体情况。表中所需记载的内容（数据），有些由原始数据汇总而得，有的则是经过前述计算而得到的。如棉铃虫田间卵量、幼虫、天敌调查表（表 1-5）。填写记载表时要注意上下数据同位对齐；值为零时记 0 或零（而不应记“—”），未查、数据遗失等情况记“—”。

表 1-5 棉铃虫田间卵量、幼虫、天敌调查表

| 调查日期 | 地点 | 棉田类型 | 调查株数 | 百株卵量 | 幼虫数量 | | | | | | | 天敌数量 | | | | 防治情况 |
|---|---|---|---|---|---|---|---|---|---|---|---|---|---|---|---|---|
| | | | | | 1 龄 | 2 龄 | 3 龄 | 4 龄 | 5 龄 | 6 龄 | 合计 | 瓢虫 | 草蛉 | 蜘蛛 | 合计 | |
| | | | | | | | | | | | | | | | | |
| | | | | | | | | | | | | | | | | |

## 复习思考题

1. 某地某年一代二化螟成虫高峰期为 8 月 5 日，当年气候正常。根据以往的经验，当地正常情况下，8 月二化螟的产卵前期为 1 天，卵历期为 4.6 天。预测二化螟二代卵孵高峰期在 8 月 10—11 日。试分析其中的规律、现状、方法、结果。

2. 在一块有 1 000 株棉花的棉田中调查病虫害，抽 10 个点，每点 10 株。则这次抽样调查中，总体含量、样点含量、样本容量、抽样数量、抽样分数各是多少？

3. 举出生活中一个抽样调查的例子，并指出总体、总体单元（抽样单位）、总体含量、样本、样点、样本容量、样点含量、抽样数量、抽样分数。

4. 五点式抽样是不是随机抽样？为什么？

5. 某田块长 20 m，宽 10 m。现要用随机抽样法抽出 20 个样点。样点方形，每个样点面积 1 $m^2$。试写出操作过程。

6. 如何了解当地某种病虫的分布型？

7. 为什么调查聚集分布的对象，抽样时宜采用大样本、小样点？

8. 为什么对随机分布的对象进行调查时，可以用五点式抽样；而调查对象呈聚集分布或分布型不明时，一般不宜采用五点式抽样？

9. 为什么如果对调查结果的准确性要求较高，当调查对象密度较低时，样点反而要多些？

10．某县有 10 个乡镇。其中有 3 个乡镇的土壤为沙土；4 个乡镇为沙壤土；3 个乡镇为黏土。已知金龟甲在黏土中呈嵌纹分布；在沙壤土中呈核心分布；在沙土中呈随机分布。现要在全县普查金龟甲的发生情况，如何进行抽样？（设计一份抽样方案：包括从开始一直抽到田块内基本样点的过程、具体方法——包括样点的布局、数目、形式、大小等。）

11．某乡种植水稻。在各村中，水稻有几种类型，同一组中水稻类型较一致。村与村之间种植计划相似。为普查一种新害虫的发生情况，试设计一种抽样方案，并说明这样设计的理由。

12．采用相对数值有什么好处？有什么缺陷？

# 模块二　作物病虫害的预测预报

## 单元一　作物病虫害预测预报的类型

### 一、按预测内容分

（一）害虫的预测

害虫的预测内容可以明确地分成几个方面，常见的有：

1. 发生期预测

害虫发生期预测就是预测害虫的某虫态或虫龄的出现期或为害期。对具有迁飞、扩散习性的窖虫，预测其迁出或迁入本地的时期。研究害虫的发生期可以作为确定防治适期的依据。

2. 发生量预测

发生量预测就是预测害虫的发生数量或虫口密度，主要是估计害虫未来的虫口数量是否有大发生的趋势和是否会达到防治指标。进行发生量预测需积累多年资料，结果才能比较可靠。

3. 危害程度预测及损失估计

是在发生期、发生量预测的基础上根据对作物敏感生育期和危险生育期出现时间的预测，推断虫灾的程度轻重或所造成损失的大小；配合发生量预测进一步划分防治对象田，确定防治次数等。

（二）病害预测

病害预测的内容，主要是病害流行的可能性和流行程度，对病害的流行时期也可作出预测，但这两者往往结合起来。

## 二、按预测时效分

### （一）短期预测

就是在小范围内预测病虫害在未来几天到十几天的发生趋势。对害虫来说一般从前一二个虫态的发生情况推算后一二个虫态的发生时期和数量，以确定未来的防治适期、次数和方法；对病害来说是在其发生前不久预测流行的可能性和程度，以指导防治。短期预测准确性高、应用范围广。

### （二）中期预测

一般预测几周或几十天后病虫害的发生情况。其期限的长短变化很大，从 20 天到一个季度。对害虫通常是从上一世代预测下一代。

### （三）长期预测

长期预测的期限为一个季度、一个生长季节、半年或一年甚至几年不等。一般从上年或年初展望全年发生动态和灾害程度。长期预测需在积累了多年历史系统资料的基础上进行，结果才能接近实际情况。

## 三、按预测方法分

### （一）常规预测

常规预测通常包括观察法和实验法。观察法是直接调查观察病虫害的发生和作物物候变化，在明确一般规律的基础上应用当时对病虫本身和作物的调查观察资料进行预测。这是我国最通行的方法。实验法侧重于用实验方法探讨气候因子、寄主状况、营养、天敌等对病虫害发生的影响，作为预测依据。

### （二）数理统计预测

根据多年观察积累的资料，探讨某些因素如气候因素、物候现象等与害虫发生期、发生量或病害的病情的关系；或病虫害本身前后不同时期的发生期、发生量之间的关系，进行相关回归分析或其他数理统计计算，组建各种预测式。

### 四、按预报性质分

（一）通报

由测报部门定期或正常发布的病虫情报。

（二）补报

发布预报后，如遇气候有特殊变化或其他原因，致使病虫发生了新的变化，应立即发布补充预报，对原预报进行订正。

（三）警报

当病虫害呈现大发生趋势，距离防治适期又较近时，为引起人们的注意，需发布病虫警报，抓紧部署防治。

## 单元二　害虫发生期预测

### 一、发育进度预测法

（一）基本概念

1．发育进度与发生率

到某一天为止昆虫种群中进入某虫态或发育级的个体百分率（该虫态或发育级的累积占比）反映了昆虫群体在这一天的发育进度。

【案例 2-1】某地某年 8 月 5 日调查三化螟，所得数据如表 2-1 所示。

表 2-1　某地某年 8 月 5 日三化螟痛苦发育级占比

| 虫态（发育级） | … | 3 龄幼虫 | 4 龄幼虫 | 预蛹 | 蛹 | 蛹壳（成虫） |
|---|---|---|---|---|---|---|
| 占比/% | | 11 | 35 | 32 | 20 | 2 |

则可以从后向前将各发育级的占比依次累加，得到蛹壳（成虫）、蛹、预蛹、4 龄幼虫和 3 龄幼虫的进度分别为 2%、20%、32%、35%和 11%。

一个虫态或发育级的累积占比实际上也是这一天之前每日（或每个时间段）该虫态或发育级发生率的累积值，它随时间的变化可用 S 形曲线描述（图 2-1）。

而每日（或每个时间段内）的发生率随时间的变化可用钟形曲线表示（图 2-2）。

**【案例 2-2】**广东中山县 1956 年调查三代三化螟田间发蛾率和羽化进度，结果如表 2-2 所示。

**表 2-2 广东中山县 1956 年三代三化螟田间发蛾率和羽化进度**

| 调查日期/（月/日） | 6/24 | 6/26 | 6/28 | 6/30 | 7/2 | 7/4 | 7/6 | 7/8 | 7/10 |
|---|---|---|---|---|---|---|---|---|---|
| 发蛾率/% | 0.11 | 2.74 | 10.89 | 12.86 | 16.05 | 24.48 | 10.44 | 10.95 | 7.46 |
| 羽化进度/% | 0.11 | 2.86 | 13.74 | 26.60 | 42.65 | 67.13 | 77.57 | 88.52 | 95.58 |

其羽化进度曲线见图 2-1，发蛾率曲线见图 2-2。

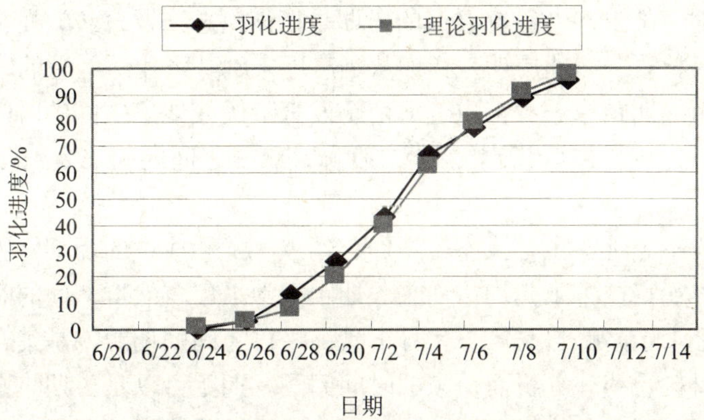


**图 2-1 三化螟在各时间点的羽化进度**

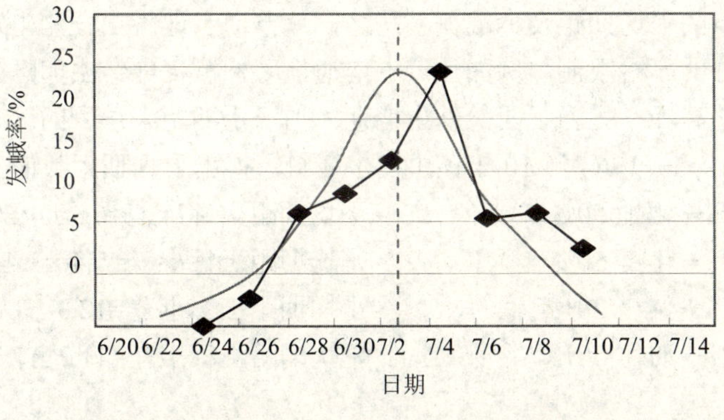


**图 2-2 三化螟蛾在各时间段（2 天）的发生率**

2. 始盛期、高峰期、盛末期、盛发期

害虫发生期预测中，常将某种害虫某一虫态或发育级的发生期划分为始见期、始盛期、高峰期（有时还可有第一、第二、…、高峰期）、盛末期及终见期。在数理统计学上，通常可以把发育进度达 16%、50%、84%左右当作划分始盛期、高峰期和盛末期的数量标准。即某虫态或发育级的进度达到 16%、50%、84%左右的日期分别为该虫态或发育级的始盛期、高峰期和盛末期。案例 2-2 中，三化螟羽化始盛期、高峰期、盛末期分别为 6 月 28 日、7 月 3 日和 7 月 8 日左右。理论上，某虫态的高峰期是其发生率最高的日期，此时该虫态已经发生一半。从始盛期到盛末期之间的一段时间为该虫态或发育级的盛发期。

3. 历期和期距

（1）历期　某虫态（发育级）的历期是指该虫态（发育级）发育所需（即所经历）的时间长短。如卵历期是指卵从刚产下来到其孵化所经历的时间长度。

（2）期距　期距指一种害虫任何两个发育阶段或现象之间的时间间隔。如在通州，棉红铃虫一代虫害花高峰日至二代卵高峰日之间的间隔为 18 天左右，即是一种期距。

期距一般不等于害虫各虫态——卵、幼虫、蛹和成虫的历期。因为后者多是通过单个饲养观察，再求其均值而来。期距则常采用自然群体间的时间间隔，如害虫第一代灯下蛾高峰日与第二代灯下蛾高峰日之间的期距，是集若干年或若干地区的记录材料经统计分析而得来的时间间隔。期距可以是虫期与虫期之间、两个始盛日之间、两个高峰日之间、始盛期与高峰期或盛末期之间，它可以在一个世代内或相邻两个世代间，或跨越世代或虫期，或为某种自然现象与害虫的某一时期之间的期距，等等。既可整理成多年或多次的平均期距和标准差，也可整理成相似情况下的平均期距及标准差。总之，从方便当地害虫预测出发，而不受世代、虫期划分的严格限制。例如江苏省南通地区预测棉红铃虫卵孵盛期，就是根据一代虫害花高峰（相当于四龄幼虫盛期）加一定期距来预测的。南通病虫测报站还总结了 1955—1964 年 10 年该虫发生资料，得出下列期距数值（日）：

化蛹 20%→化蛹 50%　　平均期距±标准差=6.3±1.28

羽化 20%→化蛹 50%　　平均期距±标准差=5.4±1.44

化蛹 20%→羽化 20%　　平均期距±标准差=12.3±1.89

化蛹 50%→羽化 50%　　平均期距±标准差=11.2±1.81

（二）基本原理

发育进度预测法的基本原理可用一个公式来表示：

某虫态或发育级的始盛期（或高峰期、盛末期）+当时气温下该虫态或发育级的历期=下一虫态或发育级的始盛期（或高峰期、盛末期）

**【案例 2-3】**某地某年查得一代二化螟化蛹高峰日在 7 月 25 日，历史资料显示当地常年同期气温下一代二化螟蛹历期为 8 天左右，则由此可预测其发蛾（羽化）高峰日=7 月 25 日+8 天=8 月 2 日。

在实际工作中，有时根据需要，将历期换为某个期距，预测公式相应地改变：

某虫态或发育级的始盛期（或高峰期、盛末期）+当时气温下该虫态或发育级到后面某虫态或发育级的期距=后面虫态或发育级的始盛期（或高峰期、盛末期）

如根据上述期距来预测红铃虫越冬代成虫羽化高峰期和推测第一代产卵高峰期，能在防治前 20 天做出防治适期的预报，误差仅为 0～2.2 天，较为准确可靠。江苏东台、大丰等地总结出棉红虫一代虫害花高峰期与二代产卵高峰期期距均在 17～20 天，依此能在第二代防治前半个月做出防治适期预测预报，误差范围在 2 天以内。江苏盐城地区各地应用一、二代棉铃虫发蛾高峰期之间的期距为 40 天，二、三代和三、四代发蛾高蜂期之间的期距均为 30 天左右的经验值进行预测，都获得了较好的效果，误差仅 1～2 天。山东汶上县测报站总结了 1963—1971 年小地老虎的发生资料，得出越冬代的每代蛾峰期与田间卵孵盛末期，即防治适期的期距 29～31 天。浙江嘉兴以及我国其他广大稻区已多年应用期距法预测三化螟发生期，都取得了较好的效果。以上大多应用的是平均期距。

期距法虽已广泛应用，但它的地区性较强，甲地的期距未必能适用于乙地；气候及作物生长反常的年份或耕作制度改革、作物品种更换和农药使用等变化，往往会导致发生期、发生期距的变动，使预测结果与实际发生有显著偏差。需辅以其他中、短期预测法进行矫正，并注意研究引起较大偏差的原因。

### （三）基本方法

#### 1. 害虫现时发育进度的调查

（1）田间实查法　根据预测对象的发生发展规律及为害特点选择好调查日期、方法和对象田，使所获资料符合当时当地的实际情况。调查日期一般掌握在某一二个虫态的始见期、始盛期、高峰期和盛末期等几个关键期。最好是根据主要害虫发生与温度关系的资料进行分析，以确定某种害虫的调查起始日期。例如据江苏省武进县 11 年资料，3 月中旬气温如达 15℃以上并持续 8～9 天，三化螟越冬幼虫始蛹。长江流域 2 月下旬至 3 月上旬当旬平均气温达 5℃以上、日平均温度达 8℃时，小地老虎及粘虫始蛾，这个温度持续 20 天即进入盛蛾高峰期。这些带概念的资料，可以作为确定调查日期的理论依据。另外，还可依据作物的生育期与害虫相配合的特点（如棉花蕾铃始见，蕾铃期害虫往往也随之出现）来确定调查时间。历年某种害虫各代各虫态时发生记录等资料也可作为确定调查起始日期的依据。

抽样方法和抽样数量可因虫种等不同而异。特别要注意选择某害虫的主要虫源田，因为害虫产卵、取食等对寄主植物种类、品种、生育期及长势等有选择性，所以不同类型作物田内虫口数量和发育进度等均不同。例如，三化螟第二代幼虫在各类型田内的分布数量和发育快慢各地不同：重庆稻区虫口数的多数常常分布于迟栽中稻及迟栽糯稻田内。中稻和一季晚稻田内以及迟熟早稻上虫数较少，但附近必须有大量虫源才能如此。在江苏省各地，该代幼虫在中稻田内发育比晚稻田内要快，籼稻田内又比粳稻田内快。因此，在籼粳稻并存、中稻晚稻混栽稻区，需要同时调查有代表性的各类型田的面积比例，以及各类型田内的平均虫口密度和平均被害率，以便计算二代三化螟的加权平均发育进度。又如，苏北沿海粮棉区三代棉铃虫主要来自春玉米和棉花，春玉米上的数量大，繁殖率高且发育速度显著比棉花上的快，所以田间调查第二代棉铃虫的发育进度时，要同时查明这类田的面积大小及各类型田的平均虫田密度，以计算棉铃虫第二代的加权平均发育进度。

（2）饲养观察法　预测所需的若干资料要采用饲养观察方法来求得。害虫交配繁殖、生长发育、生存死亡、数量消长、为害轻重及外露和隐藏等都是不断变化的。在一定时期，只凭田间调查往往是不可能十分准确地查明其发育进度和获得预测中所急需的材料的。例如，在土壤中化蛹的害虫如棉铃虫；在冬季为害绝迹，而早春发生量又少的害虫如棉红铃虫，事先从有代表性的虫源田中搜集足够数量的活虫进行室内、室外饲养观察就可弥补这一缺陷。在江苏地区越冬棉红铃虫有四代滞育和五代滞育，对这两种情况的个体，都应分别采集，分别在笼罩内饲养观察；在仓库越冬的红铃虫进入越冬的早晚也会影响来年发育的快慢，需要随收花时间分期分批、按比例收集活虫，进行室内玻管饲养。饲养条件要尽量接近越冬环境条件。以此查明来春越冬虫态的发育进度，并结合总结多年资料，用于预测春季第一代的发生期。此外，各种害虫、各虫态历期等，也需要做精细的饲养观察才能求得。

（3）诱集法　不少害虫对某些物质有趋集习性。利用它们的生物学特性，采用各种方法来诱捕，记录其种群数量的消长情况，查明虫口数量变动，在预测上是十分有益的。如害虫具有各种趋性，故在有关测报站早已设置各种诱虫器如诱虫灯，据光色等可分为白炽灯、黑光灯、蓝光灯、双色灯及金属卤素灯，安在虫源地、田间、仓库等处，可诱集螟蛾、夜蛾、红铃虫、叶蝉、飞虱、金龟子等各种害虫和部分益虫，在预测上可收到良好效果。由于棉红铃虫对 20 W 黑光灯不敏感，因此在棉仓及棉田内改用 3 W 黑光灯可提高该虫的诱集数量。一些测报站配制糖、酒、醋液诱虫盆，诱测粘虫、地老虎等；设置树枝把诱集粘虫、棉铃虫和黄地老虎等；设置稻草把还可诱集粘虫等产卵；在稻苞虫常灾区种植花圃诱集稻苞虫；设置黄色水皿诱集蚜虫等。当设置、安放所需的诱虫器于一定场所后，可以逐日或逐次记录诱到的虫种、虫态、性别、不同的虫口数量。当获得相当数量和积累足够数据后，便可分析总结出具有规律性的资料进行预测预报。同时，这些诱测器诱集的虫数也可作为验证预测值是否准确的依据。还可有目的搜集活蛾，解剖观察卵巢发育级别及交配次数，按自然积温与虫量发生关系求得积温预测式等资料。此外，也可通过性诱剂诱虫来获得资料。

2．害虫历期或期距的获得

预测是否准确不仅决定于发育进度的“基准曲线”是否查得准确和有无代表性，而且在很大程度上还决定于使用的“历期或期距”资料是否符合当时、当地的情况。通过多年来的害虫预测预报工作，各地已实验、测定、计算出许多重要害虫的各虫态的历期与期距资料以及其与温度、营养等关系的资料。在测报工作中要因时、因地不同来选择或实验出所需的有关历期和期距资料。

历期资料的获得一般有以下的途径：

(1)资料搜集法　从文献上搜集有关主要害虫的一些历期与温度关系的资料，作出发育历期与温度关系曲线，或分析计算出直线回归或曲线回归式备用。在预测时结合当地、当时气温预告值，求出所需的适合的历期资料。

(2）实验法　在人工控制的不同温度下，或在自然变温下饲养害虫，观察、记录其各世代、各虫态、各龄期和各发育级别在其生长发育过程中的特征，从而总结出各虫态的历期和各级卵、各龄幼虫、各级蛹、各级卵巢等的历期与温度关系的资料。

(3）调查统计法　根据当地实验观察、田间调查和诱测的多年多次资料，应用统计学方法进行统计分析，找出某种或某些重要害虫各世代、各虫态、各龄期、各发育级的历期。历期资料不仅从饲养中可以求得，也可以从田间诱测和调查中求得。探讨田间害虫自然发育历期，往往以害虫群体（众数）来推算，采用定田、定期系统调查办法，计算得到的前一虫态的始盛期或高峰期与后一虫态的始盛期或高峰期之间的时间距离，可认为是前一虫态的“自然发育历期”，如化蛹 50%至羽化 50%的时间距离，可视为田间的蛹的历期。例如，江苏省武进县根据田间系统调查三化螟发育进度的多年资料，进行统计分析，结果见表 2-3。

表 2-3　　三化螟各代各虫态田间群体历期

| | 越冬代蛹 | 第一代 | | | | 第二代 | | | | 第三代卵历期 |
|---|---|---|---|---|---|---|---|---|---|---|
| | | 卵 | 幼虫 | 蛹 | 全代 | 卵 | 幼虫 | 蛹 | 全代 | |
| 1960 年 | 18 | — | — | — | 56 | — | — | 9 | 32 | 6 |
| 1961 年 | 20 | 15 | 24 | 8 | 47 | 7 | 20 | 8 | 34 | 5 |
| 1962 年 | 20 | 12 | 26 | 8 | 46 | 6 | 23 | 5 | 34 | 7 |
| 1963 年 | 19 | 19 | 25 | 10 | 54 | 4 | 21 | 8 | 33 | 7 |
| 1964 年 | 18 | 17 | 31 | 9 | 57 | 5 | 20 | 9 | 34 | 6 |
| 最　长 | 20 | 19 | 31 | 10 | 57 | 7 | 23 | 9 | 34 | 7 |
| 最　短 | 18 | 12 | 24 | 8 | 46 | 4 | 20 | 5 | 32 | 5 |
| 平　均 | 19 | 15.75 | 26.5 | 8.75 | 52 | 5.5 | 21 | 6.15 | 33.4 | 6.2 |
| 标准差 | ±1 | ±2.98 | ±3.1 | ±1.05 | ±5.05 | ±1.28 | ±1.4 | ±2.25 | ±0.9 | ±0.94 |

3．调查数据的分析和推算预测

（1）田间系统调查基础上的数据分析和推算预测

这种方法是通过田间对某种害虫前一二个虫态发生数量的系统调查，查明其发育进度，如化蛹率、羽化率、孵化率，并确定其发育百分率达始盛期、高峰期和盛末期标准的时间，在此基础上分别加上当时当地气温下各虫态的平均历期，即可推算出后一虫态发生的相应日期。具体做法是每次查各虫态的占比，计算得某虫态的进度，然后分析哪一天是该虫态的高峰期（或始盛期、盛末期），最后用该日期加上当时气温下该虫态的历期，得到下一虫态的高峰期（或始盛期、盛末期）。

**【案例 2-4】**江苏省阜宁县 1959 年调查田间一代二化螟化蛹进度时，采用隔天调查一次的办法，选择当地有代表性的稻田进行剥查，记录幼虫和蛹数，计算化蛹率，结果见表 2-4。

表 2-4　一代二化螟化蛹及羽化进度

| 日期（月/日） | 7/16 | 7/18 | 7/20 | 7/22 | 7/24 | 7/26 | 7/28 |
|---|---|---|---|---|---|---|---|
| 化蛹进度/% | 1.16 | 3.90 | 8.06 | 19.44 | 49.48 | 50.72 | — |
| 羽化进度/% | — | — | — | — | — | — | 5.90 |
| 日期（月/日） | 7/30 | 8/1 | 8/5 | 8/7 | 8/9 | 8/11 | |
| 化蛹进度/% | 66.67 | 95.66 | — | — | — | — | |
| 羽化进度/% | 11.39 | 34.72 | 46.85 | 61.21 | 82.29 | 94.97 | |

表 2-4 数据表明：①7 月 21—22 日化蛹率达 16%左右；②7 月 24—26 日达 50%左右；③7 月 31 日达 84%左右。在此基础上分别加上当地当时，或常年气温下的一代二化螟蛹历期（8 天左右），推算出第二代二化螟蛾的发蛾始盛期为 7 月 29—30 日，高峰期为 8 月 1—3 日，盛末期为 8 月 8 日。经验证，当年田间实际发蛾始盛期、高峰期和盛末期分别为 7 月 31 日、8 月 5 日和 8 月 9 日，即预测日比实发日偏早 1～2 天，说明短期预报的可靠程度较大。还可进一步加上相应的二化螟蛾产卵前期（若干天）、第二代卵期（若干天），就可分别推算出第二代的产卵和孵化始盛期、高峰期和盛末期。

这个方法的预测值是否准确，首先取决于正确的抽样技术和选择好类型田，每次获得活虫、蛹至少达 20 头以上，还需要定期多次调查，常常费时费工较多。

（2）诱集调查基础上的数据分析和推算预测

每日检查诱集器中害虫的数量，如单日诱卵量、单日诱蛾量，根据每日诱虫量分析所诱虫态的始盛期（突增日）、高峰期（最高日）、盛末期（突减日）；也可把诱虫量转换为每日发生率，计算各日发育进度，再分析哪一天是该虫态的始盛期、高峰期或盛末期。然后用该日期加上当时气温下该虫态的历期，即得后一虫态的相应日期。

【案例 2-5】某地 2000 年二代三化螟灯诱数量见表 2-5。

表 2-5 二代三化螟诱蛾量及分析

| 日期（月/日） | 诱蛾量/头 | 发蛾率/% | 发育进度/% |
|---|---|---|---|
| 7/16 | 2 | 0.1 | 0.1 |
| 7/17 | 11 | 0.6 | 0.7 |
| 7/18 | 21 | 1.1 | 1.8 |
| 7/19 | 35 | 1.8 | 3.6 |
| 7/20 | 253 | 13.3 | 16.9 |
| 7/21 | 500 | 26.2 | 43.1 |
| 7/22 | 515 | 27.0 | 70.1 |
| 7/23 | 355 | 18.6 | 88.7 |
| 7/24 | 149 | 7.8 | 96.5 |
| 7/25 | 34 | 1.8 | 98.3 |
| 7/26 | 17 | 0.9 | 99.2 |
| 7/26 后 | 15 | 0.8 | 100.0 |

从诱蛾量直接判断，7 月 22 日是成虫高峰期，因为这一天诱蛾量最高。

用每日诱蛾量除以总诱蛾量，得到发蛾率，再将各日发蛾率自前向后依次累加，得到各日羽化进度，由此判断高峰日为 7 月 21—22 日，与直接判断结果基本相同。

（3）分龄分级调查基础上的数据分析和推算预测

20 世纪 60 年代初期，首先在三化螟预测中应用此法，即根据各虫态发育与内外部形态或解剖特征的关系细分等级，进行预测。

卵、幼虫、虫龄、蛹和雌蛾的发育、生殖过程均可再划分为若干级别，分别叫卵分级、幼虫分龄、龄的发育分级、蛹分级、雌成虫的卵巢分级。

关于各种重要害虫的幼虫的分龄问题早已有研究记录。幼虫分龄系依照其头宽、体长和虫体各部分形态特征进行划分的，常以某种害虫的通过饲养观察而得到的蜕皮次数记录和测定的各种特征数据作为分龄的基础。对蛹则按其复眼色泽变化和翅色等变化进行分级。并试验出在不同气温、食料等条件下各龄、各级的历期，以供选用。例如对三化螟、二化螟、玉米螟、稻苞虫、稻纵卷叶螟、粘虫、小地老虎、棉红铃虫、棉铃虫等重要害虫的卵、幼虫、蛹都有详细分龄、分级标准，以及不同温度下的历期资料。对飞蝗、稻飞虱、叶蝉等依据其胚胎发育及外部色泽变化特征进行分级。卵分级方法已在测报上进行了应用。比较常用的是幼虫分龄、蛹分级基础上的预测法，可简称为“虫龄蛹级法”。

根据重害代前一世代某个时间调查得到的田间各龄幼虫和各级蛹的比例分析出达始盛期、高峰期、盛末期的虫龄或蛹级，再由调查日加上有关的历期进行预测。以三化螟预测为例，具体做法是：①从当地有代表性的主要虫源田内拔取各种被害稻株达 200 株以上，仔细剥查；②对照三化螟各龄幼虫和各级蛹的特征，仔细进行幼虫分龄、蛹分级，将各龄幼虫和各级蛹的虫口数填入计算表内；③计算各龄幼虫及蛹数占总虫蛹数的百分率；④按发育先后将各百分率进行累加，即从发育较快的如蛹壳或较高级的蛹或较高龄的幼虫开始向发育较慢的方向逐级逐龄进行累加，当累加到 16%、50%和 84%左右时，即分别得出处于始盛期、高峰期和盛末期的虫龄或蛹级；⑤自调查日起分别加上所需要的某级蛹或某龄幼虫到羽化的历期，就可预测出成虫羽化的始盛期、高峰期和盛末期。再加上相应的产卵前期和下一代的卵期，就可推算出产卵和孵化的始盛期、高峰期和盛末期。

全国各测报站多年应用这个方法，都获得了不少经验。如江苏省太仓县等地的经验，当据气象预报等资料估计该年某代达到化蛹始盛期、高峰期和盛末期时，选当地有代表性的虫源田块，对三化螟的发育进度分别做一次全面的检查和分析，至多检查三次，其他有经验的地方认为只在始盛蛹到化蛹高峰期之间进行一次全面检查分析即可。具体计算步骤如下：

当某代三化螟总化蛹率预计达16%以上、羽化率在10%以下时，对检查到的虫、蛹发育进度做一次全面分析。当发育进度累加到某级蛹达16%左右时，该级蛹就能满足构成羽化始盛期的虫源数量条件。通常将这级蛹的历期折半再加上下一级蛹至羽化的历期，就可推算出所需的羽化始盛期。

当某代三化螟总化蛹率预计达40%以上、羽化率在20%以下时，对检查到的虫、蛹发育进度做第二次全面分析。当发育进度累加到某级蛹达到50%左右时，该级蛹就能满足构成羽化高峰期的虫源数量条件。同样将该级蛹的历期折半再加下一级蛹到羽化的历期，就可推算出所需羽化高峰期。

当总化蛹率达80%左右时，将从田间查得的蛹级百分率累加到84%左右的一级，就能满足构成羽化盛末期的虫源数量条件，同样方法加相应的历期就预测出羽化的盛末期。

根据以上三次检查分析所得的羽化始盛期、高峰期和盛末期，再分别加上适合的产卵前期及卵期，就分别预测出下代卵孵始盛期、高峰期和盛末期。当得出高峰期时，还可根据虫龄蛹级的分布情况看出有几个高峰日。还可将三次结果进行比较研究，以获得经验，并探讨与实测值的符合程度。

**【案例2-6】**1974年原江苏农学院植保系在江苏省东台县富安公社进行了三代三化螟预测。于8月5日、8月13日连续两次进行田间调查，检查了二代三化螟的为害虫口最多的主要类型田中稻“新竹矮选”（该类型田虫数占该代当地总虫数的90%以上），求出了田间的发育级占比，结果见表2-6。

**表2-6 三化螟分龄分级调查表** 单位：%

| 检查日期 | 总活虫数 | 各龄幼虫占比 | | | 各级蛹占比 | | | | | | | 成虫（蛹壳）占比 |
|---|---|---|---|---|---|---|---|---|---|---|---|---|
| | | 3龄 | 4龄 | 预蛹 | 1级 | 2级 | 3级 | 4级 | 5级 | 6级 | 7级 | |
| 8月5日 | 44 | 11.39 | 34.09 | 31.80 | 15.90 | 6.82 | | | | | | |
| 8月13日 | 80 | 2.50 | 10.00 | 2.50 | 2.50 | 8.75 | 11.25 | 20.00 | 6.25 | 25.00 | 5.00 | 6.25 |

将8月5日、8月13日各发育级占比自后向前依次累加，得到各发育级进度（表2-7）。

表 2-7　三化螟各虫龄蛹级进度表　　单位：%

| 检查日期 | 各龄幼虫进度 | | | 各级蛹进度 | | | | | | | 羽化进度 |
|---|---|---|---|---|---|---|---|---|---|---|---|
| | 3 龄 | 4 龄 | 预蛹 | 1 级 | 2 级 | 3 级 | 4 级 | 5 级 | 6 级 | 7 级 | |
| 8 月 5 日 | 100.00 | 88.61 | 54.52 | 22.72 | 6.82 | | | | | | |
| 8 月 13 日 | 100.00 | 97.50 | 87.50 | 85.00 | 82.50 | 73.75 | 62.50 | 42.50 | 36.25 | 11.25 | 6.25 |

如表 2-7 所示，8 月 5 日化蛹率已达 22.7%，1 级蛹是构成第三代三化螺蛾羽化始盛期的主要虫源；预蛹占 31.8%，累计百分率已达 54.52%，是构成高峰期的主要虫源。

第三代发娥始盛期=8 月 5 日+0.5 天（1 级蛹历期的一半）+7.7 天（8 月上中旬气温 27～29℃时，以每级蛹 1.29 天计算，2 级蛹至羽化的天数为 1.29×6 = 7.7 天）=8 月 13 日

第三代发蛾高峰期=8 月 5 日+1 天（预蛹历期的一半）+9 天（蛹期）=8 月 14—15 日

再据 8 月 13 日对发育进度分龄分级检查结果，进一步矫正高峰期的预测值。看出 4～5 级蛹是构成第一高峰的虫源，5 级蛹到羽化约 3.9 天，4 级蛹到羽化为 4.4 天（即 4 级蛹历期折半为 0.5 天+ 5 级蛹到羽化 3.9 天），自 8 月 13 日起推算出 8 月 16—17 日为高峰期。因 4 级与 5 级蛹间痛较近，实际羽化高峰为一个。

当年灯下三代三化螟实际发蛾始盛期为 8 月 14 日，高峰期为 8 月 16—17 日，与预测的基本相符。并可进一步预测孵化的始盛期和高峰期。

孵化始盛期=8 月 13 日+产卵前期 1 天+卵期 7.9 天（28℃下）=8 月 22 日

孵化高峰期=8 月 16—17 日+产卵前期 1 天+卵期 7.9 天=8 月 25—26 日

分龄分级预测法，一般适用于各虫态历期较长的害虫，如生活史本来就很短，再分龄分级，预测的期限就太短了，或只能做隔代预测。分龄分级预测，对始见期的预测也较为准确。当查得始蛹后，进行分级即可较准确地推算出始蛾期。过去的发生期预测，主要是为化学防治的用药适期提供依据，因此都以预测盛期为准，随着综合防治的开展（如释放寄生蜂等天敌），对某种害虫大发生世代或高卵量田块，除要求测准盛发期外，还要求预测始见期，以便确定寄生蜂的释放适期和对害虫大发生世代或高卵量田块进行初期施药防治的适期。

分龄分级预测，由于较细致地区分了虫龄、蛹级、卵级等发育进度的年龄分布，还可预测出一些发生呈多峰型的害虫的各峰次出现期。另外应用分龄分级预测法还可预测三化螟一个世代的“尾巴”。三化螟防治效果的好坏，不仅取决于蚁

螟始盛期和高峰期预测的准确程度以及消灭在高峰左右的及其以前的一大批蚁螟数量，而且还取决于是否消除了“尾巴”螟害。所谓一个世代的“尾巴”，是指一个世代遗留的虫数。种群数量越多，这个“尾巴”往往越大。在一个地区，常由于水稻栽培制度复杂、品种繁多、布局不当、管理不适而造成发生期不整齐、蛾源不断，所以有的年份第二、三代或三、四代的“尾巴”常造成一定的危害和产量损失，预测这个“尾巴”的发生期、发生量就很有必要。据江苏的经验：当查得田间总化蛹率达 60%左右时，其中比例最高的某龄幼虫（包括预蛹），就是所预测的发蛾“尾巴”的虫源。将这龄幼虫历期折半，加后一龄幼虫到羽化的历期，就可预测发蛾“尾巴”的发生期。

从表 2-6 中 8 月 13 日的情况可以看出，第四龄幼虫的比率最大，“尾巴”的发生期=8 月 13 日+4 天（4 龄幼虫历期折半）+ 2 天（预蛹期）+9 天（蛹期）=8 月 28 日。“尾巴”的大小取决于虫源比例，即百分率的大小，二者常呈正相关。据重庆北碚的经验，在临近预测的盛孵末期查“尾巴”虫源基数大小，预计防治失效时未孵卵块密度的大小，从而采取措施彻底消除螟害。在预测“尾巴”螟害的发生期时，要重点查前一代后期的虫源田内的虫龄、蛹级和有效虫口基数及适生田面积等。

采用以上“虫龄蛹级法”进行预测时，预测是否准确，关键在于查准“基准曲线”，这就涉及找准虫源田问题。调查时应用稻根铲小心拔取各种新老被害株，注意防止虫体损伤、落失，记录完毕后需与标本数核实。在剥虫时先查找茎秆上的羽化孔，如孔已由内而外突破未查到蛹壳，可归入蛹壳内计算，但必须注明。其次是绘出发育进度的“S”字形曲线（以发育级为横坐标），求出在调查日达始盛期、高峰期、盛末期的发育级，然后按气温预报等选择适合当时当地的各虫态的发育历期，预测出盛发期及高峰期。以后进行田间验证，并按预测适期施药，探讨防治效果。

如果有多种类型虫源田，则要将各类型田的发育级占比进行加权平均，现以三化螟为例来讨论。

1）调查　在某代三化螟发育到幼虫和蛹的阶段时进行田间调查。①查明该代为害的各类型稻田面积，并计算其占稻田总面积的百分率；②每类型田至少抽样 3 个田块，调查各类型田的被害率或虫口密度，算出平均被害率或平均虫口密度；③同时小心地拔取样点内各种新老被害株，剥查各龄虫和蛹数。

**【案例 2-7】**1965 年，西南农学院在重庆北碚区歇马公社应用此法预测，调查所得各种数据列入表 2-8。

表 2-8 二代三化螟加权平均占比

| 稻田类型 | 幼虫/头 | | | | 蛹/头 | 合计/头 | 田面积比例/% | 平均枯心率/% |
|---|---|---|---|---|---|---|---|---|
| | 1 龄 | 2 龄 | 3 龄 | 4 龄 | | | | |
| 早栽中稻 | 0 | 0 | 0 | 1<br>（100） | 0 | 1<br>（100） | 15.62 | 0.160 |
| 中稻 | 0 | 16<br>（16.49） | 25<br>（25.77） | 51<br>（52.57） | 5<br>（5.18） | 97<br>（100） | 66.57 | 0.810 |
| 迟栽中稻 | 0 | 0 | 2<br>（66.66） | 0 | 1<br>（33.34） | 3<br>（100） | 11.85 | 0.905 |
| 一季晚稻 | 0 | 0 | 2<br>（50） | 1<br>（25） | 1<br>（25） | 4<br>（100） | 5.78 | 0.370 |
| 合计活虫、蛹/头 | | 16 | 29 | 53 | 7 | 105 | | |
| 平均占比/% | 0 | 9.92 | 45.16 | 32.19 | 12.73 | 100 | | |
| 平均发育进度/% | | 100.00 | 92.08 | 46.92 | 12.73 | | | |

注：1. 中稻仍属偏迟栽的，邻近虫源较多，90%以上的虫口集中发生于此类别中；
2. 括弧中数字为占比，以本类型田内的总虫、蛹数为 100%。

2）计算

① 求出各稻型田虫量占比

由于各稻型田的面积和虫口密度不同，所以应该用其面积百分率和虫口密度的积作为权数对多个类型田同一各发育级的占比进行平均。设以各类型田在未防治条件下的平均螟害率代表平均虫口密度，则一个观察区的总虫口数或总被害率为各类型田面积占比与平均螟害率之积的总和，再以此去除某一类型田面积占比与该类型田的平均螟害率的积，即得该类型田虫量占比。

现设：$a$=早栽中稻面积占比为 15.62%；　$b$=中稻面积占比为 66.75%；
$c$=迟稻中稻面积占比为 11.85；　$d$=一季晚稻面积占比为 5.78%；
$e$=早栽中稻平均枯心率为 0.16%；　$f$=中稻平均枯心率为 0.81%；
$g$=迟栽中稻平均枯心率为 0.905%；　$h$=一季晚稻平均枯心率为 0.37%

则计算公式如下：

$$早栽中稻田虫量占比=(a\times e)/(a\times e+b\times f+c\times g+d\times h)$$

计算结果为 3.59%。

同理可算得中稻田内虫量占比=77.87%；迟栽中稻田虫量占比=15.52%；一季晚稻田占比=3.08%

②求各发育级占比加权平均数

将发育级占比用各类型田虫量占比为权进行平均：

蛹平均占比=5.18×77.87%+33.34×15.52%+25.00×3.08%=12.73%

同理可算得，4 龄幼虫平均占比=32.19%；3 龄幼虫平均占比=45.16%；2 龄幼虫平均占比=9.92%。

然后计算各发育级平均进度，如表 2-8 最后一行。

3）预测　1965 年重庆北碚等地 7 月下旬到 8 月上、中旬气温偏高，选择第二代三化螟各虫态历期：第一、二、三龄幼虫历期均为 4 天，第四龄历期 7 天，蛹历期 8～9 天，产卵前期 1～2 天，三代卵历期为 6～7 天。据上述加权平均发育进度百分率，自调查日起算，预测三代三化螟蚁螟始盛期和高峰期及峰次如下：

三代蚁螟始盛期=7 月 20 日+蛹期 8～9 天+产卵前期 1～2 天+卵期 6～7 天=8 月 4—7 日（来源于蛹和少部分 4 龄幼虫）

三代蚁螟盛发高峰（1 次峰）期=7 月 20 日+3.5 天（4 龄折半）+蛹期 8～9 天 + 产卵期 1～2 天+卵期 6～7 天=8 月 7—10 日（来源于 4 龄幼虫，占 32.19%，累计孵化率为 44.92%）

三代蚁螟盛发最高峰（2 次峰）期=7 月 20 日+2 天（3 龄期折半）+4 龄至三代卵孵期(7+ 8～9 + 1～2+ 6～7 天)=8 月 13—17 日(来源于 3 龄幼虫，占 45.16%，累计孵化率为 90.08%）

三代蚁螟孵化趋近于尾声=7 月 20 日+2 天（2 龄斯折半）+3 龄至三代卵孵期（26～29 天）=8 月 17—21 日（来源于 2 龄幼虫，占 9.92%，孵化完毕）

4）验证　经田间迟栽中稻、一季晚稻、双季晚稻实查，三代卵孵情况与预测结果大体相符。连作晚稻分蘖期三代卵孵始盛期、高峰期、盛末期分别为 8 月 6—8 日、9—12 日和 13—17 日。田间一季晚稻卵孵始盛期、高峰期比连作晚稻的早 2～4 天；迟栽中稻又比一季晚稻的早 2～4 天。因此防治适期也要相应提早。根据最高峰期偏前或偏后的情况，酌情用药。

## 二、有效积温预测法

在适宜害虫孳生的季节里，害虫出现期的早迟、发育速度的快慢受到气温、营养等环境因素的综合影响。其中以温度影响害虫的发生期最为明显。所以进行害虫发生期预测时选用历期必须注意其测定时的温度。虽然有些温度下的历期可以通过资料搜集、试验测定或调查统计获得，但这些方法都有一定的局限性，因为人所能完成的工作是有限的，而温度的可能取值有无限多个。解决的办法是先想法获得预测对象的发育起点温度 $C$ 和有效积温常数 $K$，然后应用有效积温法则来推算一定温度下的历期。这样，我们就可以根据近期的环境温度（预测值或当地常年同期值）和该虫态发育进度的调查来预测下一虫态的盛发期。这种方法叫作“有效积温预测法”。

实施有效积温预测法有 3 个环节：掌握某虫态的 $C$ 和 $K$ 常数、调查确定该虫态的高峰期和推算预测下一虫态的高峰期。

### （一）$C$ 和 $K$ 值的获得

1．通过查阅资料直接获得

用此法获得的 $C$ 和 $K$ 值在应用时要注意别人测定 $C$ 和 $K$ 值时的条件是否与本地一致。

2．搜集或测定不同温度下的历期，然后通过统计计算获得 $C$ 和 $K$ 值

（1）饲养观察　以求得在各种温度下发育的历期（$N$）等原始材料。

1）在恒温下饲养　在人工控制的恒温下，把要测定的某种害虫的某一虫态放入恒温箱内（温箱的灵敏度要求在±0.5℃），给以嗜食的新鲜食料，在适宜的湿度下进行饲养，每日至少观察、记录和更新食料以及进行清洁一次。直至完成一定发育阶段为止。

2）在多级人工变温下饲养　可人为地模拟自然界气温的季节性和昼夜变化。如有全自动化控制温度的、春夏秋冬四季分明的、昼夜温度变化的人工气候室（箱），则将某种害虫的某一虫态置于其中，供给新鲜食料，在适宜的温度下进行饲养，做好观察、记录工作，从而可获得多组不同平均气温下的发育历期（$N$）资料。如无此种条件，也可在普通恒温箱内做多级温度处理，模拟季节和昼夜变化。如白昼较高温度下可饲养 8～10 h，夜间在较低温度下饲养 14～16 h，在计算时，以这两种温度的时段长短为权计算日平均温度。

以上两项饲养都需要一定数量的控温设备和不断的供电。

3）在自然变温下饲养　在害虫活动的季节里，利用室内室外的自然变温进行饲养，需提供适宜的食料及足够的供试活虫，于各个季节分批饲养，或在同一季节里在楼上、楼下及地下室等温度不同的地方进行饲养。可以获得 10 组以上不同温度下的发育历期资料。统计分析时，先求出各组的平均温度和平均发育历期，再求出经验预测式。利用自然变温，虽然饲养的时间较长，但结果较符合实际情况，准确性也较高。

**【案例 2-8】**1972 年 3—4 月，原江苏农学院采用这种方法，饲养、观察、研

究了粘虫卵的发育起点与积温。夜间于蜜源植物上和诱杀盆旁先后捕蛾 9 批，将雌蛾放入纱笼中，使其产卵于笼内的小草把上，每天更换草把和查摘新产卵块一次，卵块编号放入玻管中，置于室外百叶温箱内或室内变温下饲养。每天定时观察记录 2～4 次，每日在 8 时、14 时、20 时记录温度一次，另外夜间 2 时的温度用自记温度计记载，以此 4 次的温度算出平均值，试验结果见表 2-9。

**表 2-9　粘虫卵在自然变温下的历期**

| 采卵批次 | 观察卵块数（括弧内为卵粒数） | 产卵月/日（夜） | 卵孵化月/日 | 卵期 $N$/天 | 累积温值（0℃以上积温） | 卵期日平均气温的平均值 $T$/℃ |
|---|---|---|---|---|---|---|
| 1 | 3（103） | 3/21 | 4/15 夜 | 25.0 | 264.9 | 10.60 |
| 2 | 2（241） | 3/22 | 4/16 夜 | 24.3 | 259.4 | 10.67 |
| 3 | 4（305） | 3/24 | 4/15 夜 | 22.0 | 236.3 | 10.74 |
| 4 | 3（38） | 3/27 | 4/16 夜 | 20.0 | 231.0 | 11.55 |
| 5 | 1（27） | 3/30 | 4/18 上午 | 18.3 | 218.3 | 11.93 |
| 6 | 5（129） | 4/04 | 4/18 上午 | 13.3 | 183.9 | 13.83 |
| 7 | 2（98） | 4/12 | 4/19 上午 | 6.3 | 120.6 | 19.14 |
| 8 | 3（223） | 4/13 | 4/19 上午 | 5.3 | 106.7 | 20.13 |
| 9 | 1（64） | 4/21 | 4/30 中午 | 8.5 | 140.3 | 16.51 |

（2）计算　将有效积温公式 $K=N(T-C)$ 变换为 $T=C+KV$，然后用最小二乘法原理计算出直线回归方程的系数，即得 $C$ 和 $K$ 值。

此处可利用 Excel 的图表功能直接得到方程 $y=67.01x+8.155\,8$（$R^2=0.986\,5$），即 $C$ 为 8.16℃，$K$ 为 67 d·℃。相关系数 $R=0.993\,2$，说明试验结果有 99%以上的可靠性。

### （二）虫态高峰期调查

方法前面已述及。

### （三）$C$ 和 $K$ 值的预测应用（下一虫态高峰期的预测）

1．原理

（1）$N(T-C)=K$

将上式变换为 $N=K/(T-C)$，然后用发育期间的环境平均温度 $T$ 预测 $N$。此法看似简单，实际上行不通，或结果很不精确。因为：式中 $T$ 为 $N$ 天中的环境平均温度，一般采用气象部门预测的气温或当地常年同期气温来计算。但因为 $N$ 未确定，所以计算平均温度 $T$ 的时间范围也难以确定。而且气象部门预测平均温度一般以旬为单位，而昆虫发育可能跨两旬以上。当地常年同期月平均气温虽然可以得到，但如果昆虫发育跨月则不适用，即使在 1 个月内，也会因期限太长而误差较大。

（2）$N_1（T_1-C）+N_2（T_2-C）+N_3（T_3-C）+\cdots+N_{n-1}（T_{n-1}-C）+N_n（T_n-C）=K$

此式的意思是将整个发育过程分为 $n$ 个时间段，分别计算有效积温，各时间段有效积温之和等于总的有效积温。

各时间段的天数分别为 $N_1$、$N_2$、$N_3$、…、$N_{n-1}$、$N_n$（$N_1+N_2+N_3+\cdots+N_{n-1}+N_n=N$）

通常以旬分段。例如某虫态高峰日为 4 月 8 日，下一虫态高峰日预计在 4 月下旬，则分为 3 段，第 1 段在 4 月上旬，有 2 天；第 2 段为 4 月中旬，有 10 天；第 3 段在 4 月下旬，天数需要预测。

$T_1$、$T_2$、$T_3$、…、$T_{n-1}$、$T_n$ 为各旬的环境平均温度，一般可用气象部门预报的旬平均温度或当地常年同期旬平均温度。

（3）$T_1-C+T_2-C+T_3-C+\cdots+T_{N-1}-C+T_N-C=K$

$T_1$、$T_2$、$T_3$、…、$T_{N-1}$、$T_N$ 代表 $N$ 天中各日的环境平均温度，一般用实测温度。

此式表示将各日有效温度逐日累加，当累加值＝$K$ 时的日期就是下一虫态高峰日。因此其预测期限非常短。

2．预测应用

根据预测时限长短，某虫态高峰日的预测分 3 种情况。

（1）前一虫态群体发育的开始阶段（刚进入高峰期时）进行预测

运用有效温度分段累积原理，得：

$N_n=\{K-[N_1（T_1-C）+N_2（T_2-C）+N_3（T_3-C）+\cdots+N_{n-1}（T_{n-1}-C）]\}/（T_n-C）$

第 1 段可用实测的或预测的旬平均温度，后几段可用预测的或当地常年同期旬平均温度。

**【案例 2-9】**已知东台县 4 月上、中、下旬的常年平均温度分别为 11.0℃，13.6℃，15.3℃，当地粘虫卵的 $C$ 值为 8.2℃，$K$ 为 67d·℃。某年查得粘虫产卵高峰期为 4 月 8 日，预测其孵化高峰期的过程如下。

4 月上旬累计的有效温度=2×（11−8.2）＝ 5.6 d·℃

4 月中旬可累计的有效温度=10×（13.6－8.2）＝ 54 d·℃

4 月上旬和 4 月中旬累计的有效温度=5.6+54=59.6 d·℃，接近 $K$ 值，所以预计孵化高峰日在下旬。在下旬需有效积温 67−59.6=7.4，下旬平均每日有效温度为 15.3−8.2=7.1，则下旬所需要的天数为 7.4/7.1≈1，即粘虫卵孵化高峰日约在 4 月 21 日。

（2）前一虫态群体发育的最后阶段（要预测的虫态高峰日将到时）进行预测

运用有效温度逐日累积原理 $T_1-C+T_2-C+T_3-C+\cdots+T_{N-1}-C+T_N-C=K$。从前一虫态的高峰日开始，用当地每日气温实际观测值计算有效温度，并逐日累加，当累加值非常接近 $K$ 值时，翌日即为所预测虫态的高峰日。

（3）前一虫态群体发育的中间阶段（高峰日已过若干天时）进行预测

已经过去的时间段用每日实测温度计算有效积温，未来的时间用预测的或当地常年同期旬平均温度计算有效积温，计算最后一段时间的天数。

有效积温法还可以用来预测害虫的地理分布及发生世代数的理论值。积温预测法是偏重温度对昆虫的影响，尽管还可以考虑均温和 $C$、$K$ 值的标准误差，调整预报期，但这个方法多限于适温区和受营养等条件影响较小的虫期和龄期，而对受营养等条件影响较大的虫期和龄期，其预测值与实发值相比偏离可能较大。因此，应用此法时要注意预测对象的生态学特性并加以研究。

## 三、物候预测法

应用物候学知识预测害虫发生期，这种方法叫作“物候预测法”。物候学是研究自然界的生物包括动物和植物与气候等环境条件的周期性变化之间相互关系的科学。生物有机体的生育周期和季节现象是长期适应其生活环境的结果，各现象之间的关系有着相对稳定性。物候法预测害虫的发生就是利用这个特点。在长期的农业生产和害虫测报实践中，广大群众积累了丰富的物候学知识。例如，对小地老虎就有“榆钱落，幼虫多；桃花一片红，发蛾到高峰”的简易而可靠的预报方法。还有“花椒发芽，棉蚜孵化，芦苇起锥，向棉田迁飞”，“小麦抽穗，吸浆虫出土展翅”等说法。

运用当地物候资料进行虫情预测，不仅简而易行，便于群众掌握，而且有一定的科学依据。自然界形形色色的现象都是运动着的物质的不同形态；它们之间是相互联系又相互制约的。物候预测法就是根据自然界的生物群落中，某些物种对于同一地区的综合外界环境条件有相同的季节、时间性反应而进行的。例如某种害虫的某一虫期与其寄主植物的一定生长阶段同时出现。这样我们就可依据寄主的某一生育期的出现来估计害虫可能发生的时期。

害虫与周围其他生物之间的物候关系有直接和间接两种。前者是由于它们在生物学和生理学上有直接联系。例如，梨实蜂成虫盛发期与梨树开花盛期的物候相联系，是因为该虫只能产卵于梨花花萼的表皮组织内，长期适应后，二者发生期在时间上便相吻合。如辽宁北镇梨树的盛花期为 4 月下旬到 5 月初，北京的则为 4 月中旬，都正是两地梨实蜂成虫的盛发期。四川的柑橘花蕾蛆，也因成虫产卵于花蕾里，故现蕾盛期往往与成虫盛发期一致。江苏省、湖北省等地查明，棉花现蕾期一到，红铃虫卵即出现。棉蚜在田间的扩散迁飞也是与其寄主植物（木槿、棉花）生育阶段演替有密切关系的。但在害虫种群密度极低时，尽管其寄主植物有适合的生育期，也会难以发现害虫的出现。

同害虫没有直接联系的物候关系，也可根据二者出现期的稳定性，用于害虫发生期预测。如吉林省发现高粱蚜越冬孵化期约在杏花含苞时；有翅蚜第一次迁飞，在榆钱成熟时。湘西花垣地区经多年观察得出“蝌蚪见，桃花开”是水稻二化螟越冬幼虫始蛹期；“油桐开花，燕南来”是化蛹盛期；“小旋花抽藤”是越冬代蛾盛发期。而据湘南观察，当地柑橘抽梢初期为二化螟始蛾期，抽梢盛期为盛蛾期。又据衡阳地区观察，当地桃树初花为茭白中越冬二化螟始蛾期，抽梢盛期为盛蛾期。以上列举的非直接联系的物候例子，都是由于一种害虫的某一虫期和其他动、植物的一定发育阶段同时受制于相同的自然条件如气温、湿度等，从而使生物间某些生育阶段并行发展，或按先后顺序发生。这种间接的物候关系一定要经过多年观察，找出二者的相关性后才能应用于预测，才较可靠。主要是观察当地动植物优势种的生育过程与主要害虫发生的关系，如华北地区研究花椒与棉蚜关系。在物候预测研究上，还应注意最好选木本植物、有季节性活动的动物，也可选害虫的寄主植物或与害虫生态亲缘很密切的植物，系统观察其萌芽、出土、放叶、现蕾、开花、谢花、结果、落叶等生育过程，或观察当地某些动物如候鸟的季节性活动规律、出现和消失情况，包括出没、鸣叫、迁飞等。分析其与当地某些害虫发生期的关系是直接还是间接的，一定要在积累多年经验资料的基础上进行，所得结论还需接受异常气候和其他特殊生态因素影响的年份的考验，以探明物候预测的可靠性。物候预测具有严格的地区性，不可机械地搬用外地资料。就是在同一个地区，所选用的指示动、植物也会受地势、土质、地形、树龄、品种及营养状况等差异的影响。因此，物候预测法虽然简而易行，也只能预测一个趋势，或作为确定田间查虫期的一个依据。

## 单元三　害虫发生量预测

害虫发生数量的预测是决定防治区、防治田块面积及防治次数的依据。关于发生量预测，总的研究进展仍远远落后于发生期预测。这是由于影响害虫发生量的因素较多所致，例如营养的量与质的影响、气候直接或间接的作用、天敌的消长和人为因素等，常常引起害虫发生量的波动以及其繁殖力、个体大小、体重、性比、色泽、死亡率等的各种变化。这种变化的幅度和深度，常因害虫的种类而不同。对各种环境因素适应能力愈强的害虫，也愈能引起数量的猖獗。害虫数量消长还与其发生的有效虫口基数有关。虽然预测害虫发生量比较困难，一般也只能预测发生程度，但人们也总结了一些可行的方法如有效基数预测法、气候图预测法、经验指数预测法、形态指标预测法等。

## 一、有效基数预测法

这是应用比较普遍的一种方法。它是根据上一世代的有效虫口基数、生殖力、存活率来预测下一代的发生量。此法对一化性害虫或一年发生世代数少的害虫的预测效果较好，特别是在耕作制度、气候、天敌寄生率等较稳定的情况下应用效果较好。预测的根据是害虫发生的数量通常与前一代的虫口基数有密切关系，基数愈大，下一代的发生量往往也愈大，相反则较小。在预测和研究害虫数量变动规律时，对许多害虫可在越冬后、早春时进行有效虫口基数调查，作为预测第一代发生量的依据之一。例如小麦吸浆虫在小麦抽穗前的淘土检查，根据上升于土表层的虫口基数预测当年成虫的发生量。三化螟、棉红铃虫越冬后的幼虫基数也可作为预测第一代发生量的依据。玉米螟越冬后幼虫基数的大小、死亡率高低也可作为预测第一代发生量的依据。对许多主要害虫的前一代防治不彻底或末防治时，由于残留的虫量大、基数高，则后一代的发生量往往增大。

根据害虫前一代的有效虫口基数推算后一代的发生量，常用下式计算其繁殖数量。

$$P = P_0\left[e\frac{f}{f+m}(1-M)\right]$$

式中，$P$—— 繁殖数量，即下一代的发生量；

$P_0$—— 上一代虫口数量；

$e$—— 每头雌虫平均产卵数；

$f/(f+m)$ —— 雌虫百分率，$f$ 为雌虫，$m$ 为雄虫；

$M$—— 总的死亡率；

$1-M$ —— 总生存率，可为（$1-a$）（$1-b$）（$1-c$）…，$a$、$b$、$c$ 分别为各阶段死亡率。

现以蝗蝻和三化螟为例加以说明。

### （一）预测下一代蝗蝻密度

【案例 2-10】某地秋蝗残蝗密度为每亩 30 头（折合每公顷 450 头），雌虫占总虫数的45%，雌虫产卵率为90%（每100头雌虫有90头能产卵），每头雌虫平均产卵240粒，越冬死亡率为55%，预测来年夏蝗蝗蝻密度。

夏蝗蝗蝻密度=450×240×45%× 90% ×（1−55%）=19 683（头/hm$^2$）

（二）预测下一代三化螟发生量

**【案例 2-11】**浙江嘉兴地区病虫测报站曾依据三化螟基数、繁殖率、死亡率调查结果进行发生量预测。他们在 1 500 亩稻田上建立了螟虫测报区，在每年 4 月份越冬幼虫初蛹期查清观测区内各类越冬虫源田，包括三麦、油菜、蚕豆等春花田及冬闲田、绿肥田的面积比例及虫口密度，然后按加权法推算出观察区内活虫总数；再依据初蛹期至羽化前的死亡率、繁殖系数等计算出观察区内的总蛾量、总卵量及各类型田的蛾卵密度。其公式为：

观测区内总发蛾量=Σ（某种类型田初蛹时虫口密度×面积）×（1−初蛹期至羽化的死亡率）

根据历年第一代螟卵在各类型田分布的比例，就可进一步推算出各类型田的螟卵密度。

他们还根据多年积累的资料和预测经验，总结出发生量的经验性预测法。①越冬初蛹期有效虫源田内平均每100条活虫变蛾后可产出约50个卵块，从而可算出第一代的总卵块数，再除以分布面积，可得出一代平均亩卵块数；②第二代的总卵量为第一代总卵量的 7.4（6～8.8）倍，第三代则为第二代总卵量的 17.3（16.6～18）倍。

**【案例 2-12】**重庆北碚依据第二代三化螟的有效虫口基数等数据预测第三代平均亩卵块量的趋势。于 1974 年在北碚金刚公社前进三队作了调查，7 月 19 日查得二代三化螟在迟栽中稻、初迟栽糯稻这两类主要虫源田内的有效虫口基数，即总活虫数（$P_0$）为 2 617.67 头；每头雌蛾平均产卵块数（$e$）为 3.25 块，雌性比（$f/m+f$）为 57.87%。化蛹始盛期到羽化间的死亡率（$M$）为 15.5%，把上列数字代入发生量公式计算结果：第三代三化螟在该队预计有总卵块数为 41 604.58 块，该队当年种植双季稻面积 70 亩，估计平均每亩卵块数为 594.4 块，以后田间实测平均每亩为 553.1 块。但影响发生量的生态因素较多，所以发生量的预测常是一个趋势。预测值与实发值可成倍地相差，尤以大范围内的更是如此。

依据调查基数预测发生量的工作量较大，要真正查清前一代的基数是不容易的。对于单食性害虫如三化螟和越冬场所单纯的害虫如棉红铃虫等虫口基数较易查清；但对一些多食性害虫和越冬虫源较广的种类，如玉米螟、二化螟、棉蚜，以及目前尚未弄清其越冬虫源的或具有远距离迁飞习性的害虫，要查明其可靠的有效虫口基数则较为困难。另外，检查时间与方法都应根据物种的生物、生态学特性而定，事先要弄清主要虫源，并测定该种的生殖力、死亡率、寄生率以及其他有关数据。

## 二、气候图预测法

大气温、湿度联合影响各种害虫的发生。每种害虫对温、湿度都有一定的选择性，处于适宜温、湿度，特别是最适温、湿度条件下，种群数量迅速扩大、猖獗成灾，否则即受到抑制。许多害虫在食物得到满足的情况下，其种群数量变动主要是气候中的温、湿度变化引起的，对这类害虫可以通过绘制气候图来探讨害虫发生量与温、湿度的关系，从而进行发生量的预测。

通常绘制气候图是以月（旬）总降雨量或相对湿度为坐标的一方，月（旬）平均温度为坐标的另一方。将各月（旬）的温度、雨量或湿度组合绘为坐标点，然后用直线按月（旬）先后顺序将各坐标点连接成多边形不规则的封闭曲线，这种图就叫作“气候图”（图 2-3）。如果气候图上标示了某种生物适宜的温、湿度范围（矩形框），就称为生物气候图。图 2-4 是危害柑橘的地中海蜡实蝇的一张生物气候图。图中内、中、外三个长方形分别表示其最适、适宜和可耐受的温、湿度范围。该生物气候图直观地表明：夏威夷的火奴鲁鲁全年温、湿度都适于蜡实蝇生长发育；巴黎较冷的 6 个月对其繁殖不利，但尚未超过其耐受限度；而在苏丹的喀土穆，这种害虫有 9 个月无法生存。

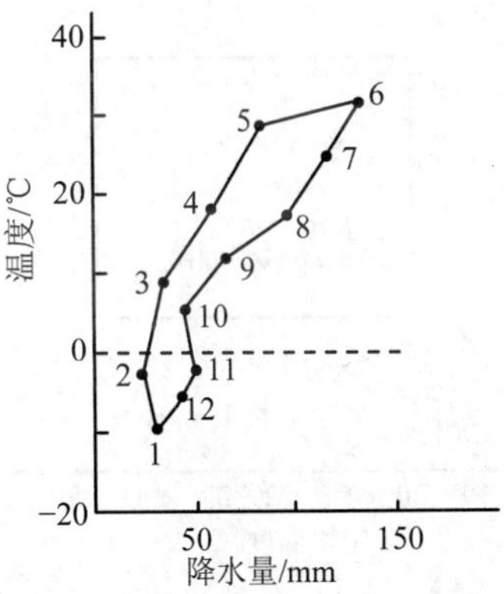


图 2-3　一张气候图

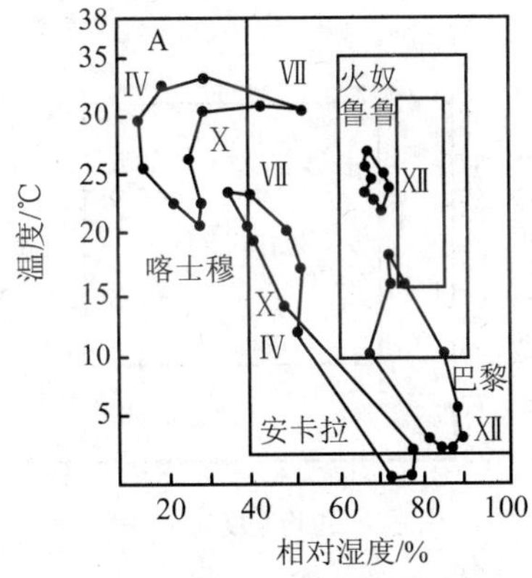


图 2-4　一张生物气候图

在作物害虫的预测中，把害虫在各年各代的生物气候图绘出来，就可比较研究温、湿度组合与害虫发生量的关系。

从生物气候图中可以明显地看出害虫大发生年（或世代）及小发生年（或世代），以及发生多的地区和发生少的地区的温雨或温、湿度组合是否适宜于害虫发生的问题。即可把各气候图相互对比，找出引起某种害虫猖獗的主导因子。

**【案例 2-13】**将 1975 年和 1976 年江苏省扬州第二、三代褐飞虱成虫及卵的发生期间旬平均气温和大气相对湿度的气候图相互比较，就可以看出这两年间褐飞虱在江苏的发生情况很不相同。1975 年，第二、三代都是大发生，发生期中各旬的温、湿度组合均落在当代适宜温度范围的方框内（图 2-5 之 1、2）；1976 年系发生中等偏轻年，同是第二、三代，发生期中各旬温、湿度组合均落在方框以外（图 2-5 之 3、4）。这样对比就可以看出一种害虫在有的年份发生重、在有的年份发生轻的原因。从上述 1975 年和 1976 年的气候图中就可看出第二、三代褐飞虱发生轻重的主导因素是温湿度组合不同。这可以提供发生量预测的依据。

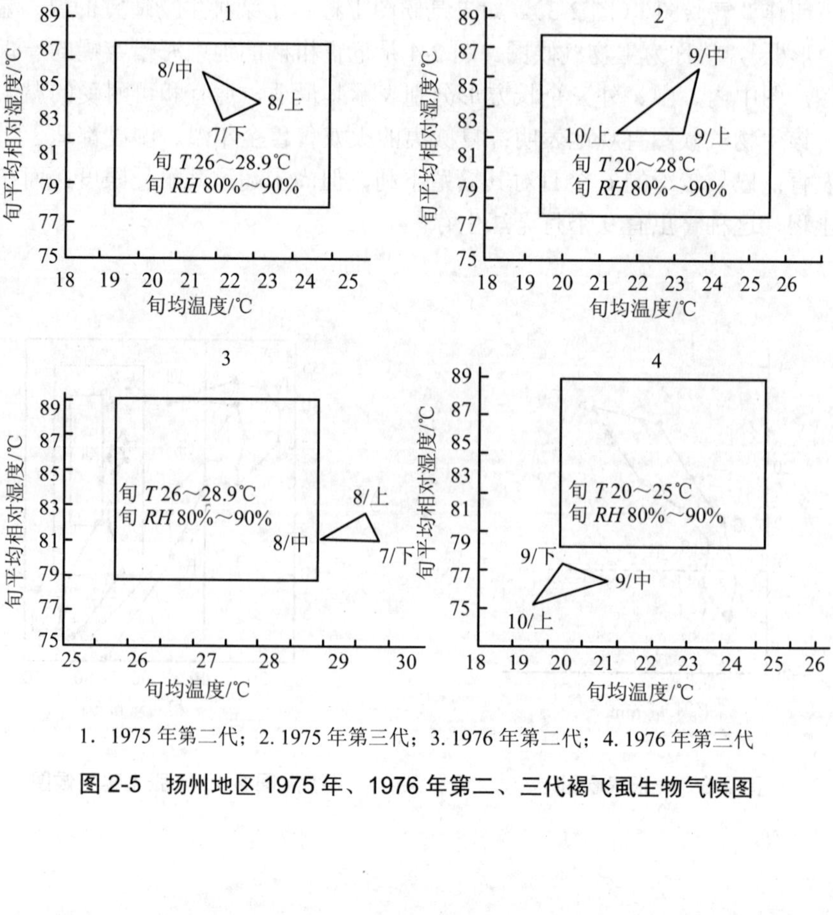


1. 1975 年第二代；2. 1975 年第三代；3. 1976 年第二代；4. 1976 年第三代

**图 2-5 扬州地区 1975 年、1976 年第二、三代褐飞虱生物气候图**

总之，用绘制气候图的方法可将某种害虫同年不同世代、同代不同地区或不同年份，以及常年、大发生年、小发生年的各种资料进行分析。最适和适宜温、湿度范围方框如能规格化，即纵、横坐标刻度与气候图的相一致，画在透明纸上，制成能移动的、可套在任何分布区或不同年份或第一、二代气候图上，便可适用于多年、多代、多点、多种害虫，因为方框未直接绘在气候图上。

如果从各年或各季节、各地区的气候图中找不出很明显的差异，而发生量又显然不同；或气候图差异很大，发生量却差不多，则说明温、湿度组合不是决定数量消长的主导因素。就应该从营养、天敌等其他因素的影响中去探讨，找出影响害虫种群数量变动的主导因素。

## 三、经验指数法

在害虫发生量预测中，还常用经验指数法来预测某种害虫将要发生的数量趋势。

影响害虫发生量的主要因子往往不止一个，它们对害虫的作用不是孤立的，而是综合的。由反映这些影响因子的单个变量复合而成的，并且经对历史资料的统计分析证明与害虫发生量有显著相关关系的复合变量，就称为经验指数。因此，经验指数实际上通常在研究分析害虫猖獗的主导因素的过程中得出，然后反过来应用于害虫预测上。目前，常用的经验性预测指数形式有温雨系数和温、湿系数、气候积分指数、综合猖獗指数、天敌指数等。

### （一）温雨系数或温、湿系数

根据经验，某些害虫在其适应范围内要求一定的温、湿度（或温雨量）比例，这段时间内的平均相对湿度（或降雨量）与平均温度的比值，就叫作这段时间内的“温、湿系数”（或“温雨系数”）。

$$温雨系数=\frac{P}{T}或\frac{P}{T-C}$$

$$温、湿系数=\frac{\mathrm{RH}}{T}或\frac{\mathrm{RH}}{T-C}$$

式中，$P$——月或旬总降雨量，mm；

$T$——月或旬平均温度，℃；

$C$——害虫发育起点温度，℃；

RH——月或旬平均相对湿度，%。

北京地区据 7 年资料得出月平均气温及相对湿度的比值是影响华北地区棉蚜季节消长的主导因素的结论。温湿系数（$E$）=2.5～3.0（$E$=RH/$T$，RH = 5 日平均相对湿度；$T$=5 日平均温度（℃））时有利于棉蚜发生，可造成猖獗为害。

东亚飞蝗的发生动态与季节性温度、雨量的变化有一定关系。在长江下游地区得出了下列经验预测式：

$$\frac{T_5}{21}+\frac{80}{R_{4下-5上}}>2,\ 夏蝗可能大发生$$

$$\frac{T_5}{21}+\frac{80}{R_{4下-5上}}+\frac{240}{R_{7-8}}>3,\ 秋蝗可能大发生$$

式中，$T_5$——5 月份平均温度；

$R_{4下-5上}$——4 月下半月和 5 月上半月总降雨量；

$R_{7-8}$——7—8 月份总降雨量。

预测式表明，在长江下游地区，5 月份温度高于 21℃，4 月下半月和 5 月上半月雨量低于 80 mm，则当年夏蝗可能大发生；如 7、8 月总雨量低于 240 mm，则当年秋蝗可能猖獗。

广东省根据历年资料统计分析得知三化螟第一代为害的轻重趋势与 1—2 月份总雨量和 1—2 月份平均气温的比值（$R$）大小有关。

$$R=\frac{1—2月份总雨量}{1—2月份平均气温}$$

当 $R$=4～6 为中发年，$R$ 大于 5 偏轻，$R$ 小于 5 偏重；$R$>6 轻发年，$R$ 比值愈大，则螟害愈轻；$R$<4 则为重发年，$R$ 愈小螟害愈猖獗。说明雨量愈少愈有利于越冬，存活率愈高，螟害愈重。

河南省开封地区通过分析 1959—1963 年玉米螟的资料，明确了影响当地第一代数量消长的主导因素是 4 月、5 月两月的温湿系数。经相关性测定，第一代玉米螟为害程度和 4 月、5 月两月温湿系数成显著正相关。温湿系数（$x$）与有虫株率（$y$）的关系式，即预测式为：

$$y=22.7x-25$$

每当 4 月、5 月温湿系数增加或减少 0.1 时，则一代有虫株率将随之增加或减少 2.3%。该地区 4 月、5 月温湿系数达 4 以上，就有大发生的可能。同样还明确了影响该地第三代玉米螟害增减的主导因素是 7 月下旬至 8 月底的温、湿系数，三代玉米螟危害程度与 7 月下旬至 8 月底的温湿系数成负相关，相关程度显著，相关预测式为：

$$y=5\,330-1\,355.5x$$

上述三代玉米螟的预测式表明，这段时期内当温、湿系数每增加 0.1 时，则三代百株虫数将随之减少 135.6 头；如温湿系数大于常年，则三代玉米螟害将轻度发生；等于常年将中度发生；小于常年则将严重发生。

（二）气候积分指数

如山东省在研究粘虫发生发展规律时得出：麦田中的粘虫幼虫数量消长与 4 月中旬越冬代蛾量及水分积分指数有关（表 2-10）。

**表 2-10 山东地区麦田中粘虫幼虫消长的预测指数**

（山东农科院，1978）

| 麦田幼虫发生程度 | 越冬代蛾量（头/台）（最多连续 5 天） | 水分积分指数 $Q$（4 月上中旬） |
|---|---|---|
| 轻 | ＜300 | ＜1.58 |
| 中 | ≥300 | ≥1.58 |
| 重 | ≥600 | ≥2.20 |
| 严重 | ≥900 | ≥2.82 |

$$Q=(\frac{x}{\sigma_x}+\frac{y}{\sigma_y})/2$$

$$Q=(\frac{x}{15.7}+\frac{y}{2.3})/2\text{（山东临沂地区）}$$

式中，$Q$——水分积分指数；

$x$——雨量，mm；

$y$——雨日数；

$\sigma_x$——常年雨量标准差；

$\sigma_y$——常年雨日数标准差。

（三）综合猖獗指数

将气候因素及虫口密度等联合统计计算而成。如棉小绿盲蝽在关中地区蕾期猖獗的预测指数为：

$$\frac{P_4}{15}+\frac{R_6}{S_6}>3，为严重发生年$$

$$1<\frac{P_4}{15}+\frac{R_6}{S_6}<2，为中等发生年$$

$$\frac{P_4}{15}+\frac{R_6}{S_6}<1，为轻发生年$$

式中，$P_4$——4 月中旬苜蓿田中虫口密度（头/m$^2$）；

$R_6$——6 月份总雨量，mm；

$S_6$——6 月份日照时数；

15——苜蓿田常年 4 月中旬虫口密度平均值。

（四）天敌指数

在分析当地多年的天敌种类、数量、寄生率及害虫数量变动资料，得出两者间的关系并在实践中验证后，也可使用天敌指数：

$$P=\frac{x}{\sum(y_i e_{y_i})}$$

式中，$P$——天敌指数；

$x$——当时每株蚜虫数；

$y_i$——当时平均每株某种天敌数量；

$e_{yi}$——某种天敌每日食蚜量，可根据实验室测定（表 2-11）来计算。

表 2-11 几种棉蚜的捕食性天敌及其食量

| 天敌种类 | 每日食蚜量/头 | 天敌种类 | 每日食蚜量/头 |
|---|---|---|---|
| 异色瓢虫成虫 | 160 | 大灰食蚜蝇幼虫 | 120 |
| 异色瓢虫幼虫 | 120 | 四条食蚜蝇幼虫 | 60 |
| 七星瓢虫成虫 | 120 | 大青蛉幼虫 | 80 |
| 七星瓢虫幼虫 | 80 | 大青蛉幼虫 | 50 |
| 龟纹瓢虫成虫 | 50 | 斑腹蝇幼虫 | 15 |
| 龟纹瓢虫幼虫 | 30 | | |

例如华北地区棉蚜消长与天敌指数关系为：当 $P\leqslant1.67$，则在 4～5 d，棉田中的天敌将能控制蚜虫为害，而不需要防治。

## 四、形态指标预测法

环境条件对昆虫的影响都要通过昆虫本身的内因而起作用；昆虫对外界条件的适应也会从内外部形态特征上表现出来，如虫型、生殖器官、性比的变化以及脂肪的含量与结构等，而不同形态的个体其繁殖力和迁移力不同。例如蚜虫和飞虱有多型现象，介壳虫有性二型现象。一般在食料、气候等条件适宜时，无翅蚜多于有翅蚜，无翅雌蚧多于有翅雄蚧，短翅型飞虱多于长翅型飞虱。当这些现象出现时，就意味着种群数量即将扩大；相反，如果有翅蚜、有翅雄蚧、长翅型飞虱的个体比例较多，表示即将大量迁出，可远距离迁飞扩散。因此，可以根据这些形态指标作为数量预测指标以及迁飞预测指标，来估计未来种群数量动态。

### （一）蚜虫数量预测

蚜虫处于不利条件下，常表现为生殖力下降，此时种群中的若蚜比率及无翅蚜的比率因之下降。因此，可以根据有翅若蚜比率的增减或若蚜与成蚜的数量比值来估测有翅成蚜的迁飞扩散和数量消长。例如华北地区的棉蚜，当群体中有翅成、若蚜占总蚜口的比例在解剖镜下观察达 38%～40%时，或肉眼观察达 30%左右时，常常在 7～10 天后大量迁飞扩散。中国农业大学 4 年来在 14 茬十字花科蔬菜上的系统调查证明，桃蚜蚜群中若蚜数量下降到成蚜的 2.17%～2.91%（95%置信范围）或 2.03%～3.05%（99%置信范围）时，再过 4～6 天将开始出现有翅若蚜。然而由于各种蚜虫的生物学特性不同，作为预测用的形态指标也就不一样，如对同样为害十字花科的菜缢管蚜在 8 茬十字花科蔬菜上系统调查，若蚜与成蚜的数量比率下降到 8.56%～9.76%（95%置信范围）或 8.29%～10. 03%（99%置信范围）时，将在 5～6 天后出现有翅若蚜。有翅若蚜出现不久，将会出现有翅成蚜的迁飞扩散。

### （二）飞虱的数量预测

在飞虱科昆虫中有不少种类的成虫有长翅型和短翅型之分。在一般情况下，长翅型中雌虫比例较低，寿命较短，而且产卵量也较少；相反，短翅型在营养丰富、高温多等良好的条件下生存时，它的雌虫比例较高，寿命比长翅型的长 3～5 天，产卵量也较多，比长翅型约多一倍。也就是说，当外界条件不良时长翅型成虫增多而有利于迁飞扩散；相反，外界营养等条件良好时可促使其生殖力增高、怀卵量增大，胸肌和翅形受内分泌激素控制而保持若虫特征，出现短翅型。所以，短翅型个体的增加是飞虱将大发生的征兆。

国内和日本的研究一致证明，良好的营养和气候条件是诱发稻褐飞虱及白背飞虱大发生的主导因素，也是促使短翅型数量上升的主要原因。据湖南的资料，7月中旬以前正值早稻孕穗、抽穗、乳熟、灌浆期，食料充足，短翅型数量较多，可占总虫数的63.66%～92.68%，随后由于植株老化、营养不良，长翅型比例突增，短翅型比例下降到20%以下。据江西省农业科学院报道（1981），引起褐稻虱短翅型数量急增达56%～100%的主要原因是：①褐飞虱3龄若虫吸食水稻幼穗分化、孕穗到乳熟阶段的营养；②虫口密度较小（不拥挤）；③稻田灌了2～2.5寸深水。在秧苗期及乳熟后黄熟期，短翅型成虫比例锐减，长翅型成虫比例突增。所以长、短翅型成虫数量之比，可作为预测未来发生数量趋势的指标。湖南省农业科学研究所经多年调查总结出：凡5月下旬—6月上旬在湖南地区，或6月中旬—6月下旬在湘中、湘北地区，每百丛稻中有短翅型成虫4～10头，15～20天后该类稻田褐飞虱会严重发生。江苏太仓县总结：9月上中旬三代成虫盛发期中，如短翅型成虫占60%以上，每百丛达10头以上，则第四代褐飞虱将会大发生。与此相反，在营养和气候不太适宜时，尤其是水稻黄熟期时，长翅型成虫就将迁飞扩散。

（三）栗绛蚧数量预测

除了种群中各型个体比例，个体的平均大小也可以作为预测指标。如有人研究指出，栗绛蚧后代发生量（$Y$）与雌虫体重（$x_1$）、体积（$x_2$）、虫体直径（$x_3$）成正相关，其线性回归方程分别为：

$$Y=-672.7+38\,178.7x_1$$

$$Y=-1\,141.6+22\,860.0x_2$$

$$Y=-8\,588.0+17\,359.3x_3$$

其中体重与发生量相关关系最为密切。

害虫发生量预测，还可据生命表分析，得出种群的发生增减动态及若干预测模式等来进行。

## 单元四 作物病害预测

### 一、病害发生期的预测

（一）发病期的预测

病害发生期的预报因子主要有环境的温度、湿度，有时也要参考气流和降雨情况。其方法一般是根据侵染适期加上一定时间的潜育期来推算。如马铃薯晚疫病，若在 48 小时内气温不低于 10℃，相对湿度不低于 75%，即可推测 15～22 天后将流行；又如梨黑星病，在北京地区如 4 月下旬至 5 月中旬出现一次 15 mm 以上的降雨，且其后连续两日相对湿度在 90%以上，则有利于侵染，预计 6 月份便会大量发病；再如枣锈病，主要以落叶上的夏孢子越冬，成为来年的初侵染源。6—7 月份雨水多、湿度高时，夏孢子发芽，从叶片的气孔侵入，8～16 天出现症状，并有落叶出现，到 8 月中下旬叶片大量脱落。枣锈病夏孢子的侵染需要较高的湿度条件，降雨或露珠环境极易侵染（7 月，雨后 3 天内）；潜伏期大约 10 天，孢子堆形成到成熟 5～7 天。

发病期的预测对本轮侵染的防治可能意义不大，因为很多杀菌剂是保护剂，对已经侵入的病菌没有多少作用。即使是治疗剂，等到发病时再用也已偏晚。但发病期预测对多循环病害的下一轮侵染时间的预测有一定意义。

### （二）侵染适期的确定或预测

侵染适期可以用于发病期的预测。更重要的是侵染适期可直接用来确定保护剂的施用适期。因此，有人干脆将病害发生期预测称为“侵染预测”。

一种病害的侵染期可能很长。但可以或者需要预测初侵染的集中侵染时期——临界期，以确定首次喷药防治的适宜时机。

一般要通过对多年历史资料的统计，得出集中侵染对温、湿度和作物生育期等因素的要求（经验指标），才能用于预测或确定侵染适期。

### （三）潜育期的确定

潜育期可用于发病期预测，或确定两次施药的间隔期。

潜育期的长短与病原物、寄主以及环境条件都有关系。环境因素中以温度的影响最大。在一定范围内，温度升高，潜育期缩短。

不同条件下的潜育期可以通过试验来测定，也可以通过对历史调查资料的总结而获得。

## 二、病害的流行程度预测

病害流行程度预测在指导防治上很重要，因为病害造成的损失往往与流行程度和菌量有关，同时流行程度预测又是决定防治与否和防治措施设计的依据。流行程度预测主要是依据病害流行的规律，特别是造成病害流行的三要素即病原、寄主和环境条件之间的相互关系。要在多种复杂的因素中找出起主导作用的因素，并在病害发生的历史资料分析和历年测报经验的基础上作出正确预测。通常所选择的预报因子和方法有下列几种。

### （一）根据发生基数预测

根据发生基数主要是病原物接种体（有感染力的病原或载体）数量来预测发生趋势。有的病害没有再侵染，其发生受环境影响不大，通常根据越冬菌量即可预测病害发生量。如棉花黄萎病，测定 5 月份土壤中的微菌核数量，即可推知 9 月份的病株率。反映病原物接种体数量的指标有多种，如种传病害如小麦黑穗病等的种子带菌率、种子负荷量；土传病害如棉枯黄萎病、线虫病等的土样带菌量；气传病害如锈病、赤霉病、稻瘟病等的空中孢子密度；虫传病害如病毒病的介体昆虫带毒率、虫口密度；有转主寄生的病害如水稻条纹叶枯病的原寄主病株严重度等。接种体数量还可以用其天敌数量来反推，如水稻白叶枯病、桃穿孔病、柑橘溃疡病的病原细菌数量与噬菌体数量成正相关。

根据病害菌量基数预测病害发生趋势必须在确定了基数与未来发病趋势密切相关的前提下才能应用，同时还要参考其他因素。此方法在麦纹枯病、锈病等病害预测中应用较多。

### （二）依据气候条件预测

气候条件对病害流行程度的影响很大，特别是一些再侵染频繁的病害，其发生程度主要受气候因素影响，而初始菌量的作用较小。在有感病品种和病原同时存在的情况下，常可根据气候因子进行预测。如马铃薯晚疫病、玉米大或小斑病、苹果和梨锈病等。气候条件的作用主要表现在湿度决定孢子是否萌发；低温连阴雨不利于植物；温暖有利于病原菌萌发和生长；风雨有助于病菌传播；大风能造成植株上的伤口，有利于病菌侵入。根据气候条件预测病害的方法常用的有两种。

1．生物气候图法

这种方法的原理与做法同生物气候图预测害虫发生量相似，也是在找出主导气候因子的基础上总结出不同发生程度的生物气候图模式，然后将预测年预测或实测图与模式图相比，作出相应预报。

2．经验性指数和指标法

这种方法是在对多年历史资料进行统计分析的基础上提出有利于病害发生发展的气象指标或指数，用于预测。这种方法在预测应用时比较方便。

**【案例 2-14】**小麦赤霉病发生流行与小麦感病阶段（4 月中旬至 5 月中旬）的降水量、雨日数和日照时数关系密切。湖北省农科院植保所和广济气象站、病虫测报站运用 1960—1979 年资料，经相关回归分析，选取了决定赤霉病流行的天气指标(表 2-12)，编制了小麦赤霉病流行程度与气象三要素编码和相关表(表 2-13)。经多年历史资料验证结果，历史符合率达 100%。

表 2-12 赤霉病流行的天气指标

| 流行程度 | 降雨量/mm | ≥0.1 mm 雨日数/d | 日照时数/h | 编码 |
|---|---|---|---|---|
| 大流行 | ≥350 | ≥29 | <170 | +1 |
| 中度 | 250～350 | 23～28 | 170～200 | 0 |
| 轻度 | <250 | >23 | >200 | −1 |

表 2-13 小麦赤霉病流行程度与气象要素编码和相关表

| 编码和 | ≥2 | 1 | 0 | −1 | −2 | −3 |
|---|---|---|---|---|---|---|
| 发病率/% | ≥50 | 40～50 | 30～40 | 20～30 | 10～20 | 10 以下 |
| 流行程度 | 重 | 中偏重 | 中 | 中偏轻 | 轻 | 极轻 |

在当地，将 4 月中旬至 5 月中旬的气象要素预报值或实际值与表 2-12、表 2-13 对照，即可判断赤霉病的流行程度。

如 1979 年天气中长期预报为 4/中—5/中降雨量 250～350 mm，则编码为 0；雨量>0.1 mm 降雨天数<23 天，编码−1；日照时数为 170～200 小时，编码为 0。三项编码和=0 +（−1）+ 0= −1，故预测流行程度为中等偏轻，理论发病率 20%～30%。当年实际情况是：雨量为 273.5 mm，雨日数为 21 天，日照时数为 184 小时，大田发病率 8%～36%，多点平均 20.6%，发病程度中等偏轻，与预报相符。

（三）依据寄主状况进行预测

作物不同品种，不同生育期感病性不一样。如扬麦 5 号小麦纹枯病发生较其他品种重；稻条纹叶枯病流行程度与感病寄主面积有很大关系；水稻孕穗期易感白叶枯病；小麦抽穗扬花期易感赤霉病。栽培条件可间接影响寄主抗病性，如小麦纹枯病在早茬麦重于晚茬麦，耕翻麦田重于少免耕麦田；稻田氮肥施用量过大，稻病发生严重；蚕豆田缺钾，导致赤斑病、褐斑病加重。

作物的抗病强弱有时可通过病斑类型（反应型）表现出来，如水稻田发生稻瘟病的急性型病斑反映了该水稻品种或生育期的水稻抗性弱或环境适宜，病害即将暴发流行。

### （四）依据各种因素进行综合预测

病害的发生流行程度是菌原量、环境因素和寄主状况三者共同作用的结果，所以单一应用某一方面的因素来预测往往有失偏颇。目前通行的常规预测法都是综合两至三个方面主要因素的情况来进行预测。

# 单元五　病虫害的两查两定

进行病虫害的防治工作，要事先确定防治的田块和防治时间。通过病虫害的预测预报可以较早地推测病虫害适宜防治的时期出现的时间和哪些类型的田块需要防治。但预测的时间越长，结果准确性越低，反之准确性较高。病虫害的两查两定就是在即将进行防治前的较短时间内调查病虫害的发生情况，确定防治田块（又称防治对象田）和防治时间（又称防治适期）。其预测期限短，结果较准确。

两查两定可以对上级测报部门系统调查预测结果进行修正或具体化。因预测层次越高，覆盖的范围越广，预测期限越长，给出的结果变幅越大，对某个局部而言其准确性、针对性可能越差；有时由于环境突然改变，也会使预测结果同实际情况有差异。

## 一、两查两定的内容

对害虫来说，两查两定是“查虫口密度或为害程度及作物生长状况等，定防治对象田；查发育进度及作物生育期等，定防治时间”。

对于病害来说，两查两定主要是“查作物发病或生育期及生长状况等，定防治田块；查发病程度、天气情况等定防治时间。”

## 二、两查两定的方法

两查两定用于指导具体的防治工作，预测期限短，能矫正中短期预测的结果，但必须在中短期预测的基础上进行，否则就无法确定调查的田块类型和调查日期。

两查两定除了专门的测报部门（县级植保站和基点乡站）要做外，基层（非基点乡和村）也要做，甚至主要由基层做，这样才能对各地的防治起到具体的指导作用。一般在测报部门预报的防治短期即将到来时进行，调查的抽样分数较高。技术要求同样较高，要能正确地进行调查取样、分龄分级、发育进度计算、发生为害程度的计算等。

取样调查的原则和一般方法参照本书模块一。

# 单元六　病虫发生信息的发布

病虫害预测的结果必须及时通过一定的方式向有关部门和大众发布。这就是病虫发生信息的发布，狭义上也称为预报。

## 一、面向大众和基层技术人员的病虫信息发布形式

面向大众和基层技术人员的病虫信息发布，过去主要依靠各级植保测报机构印发的病虫情报、明白纸等纸质媒体，以及会议、乡村广播、口头指导等手段或形式。

近年来，随着现代科技的发展，以及国家支农惠农政策的加强，各种媒体为农服务的意识也在增强。目前，除传统的病虫情报等途径外，有多种现代技术手段可用于病虫信息的发布。

1．电视

病虫预报电视发布将成为广大农民获取病虫害发生防治信息的主要渠道之一，在电视上可以播放专门的病虫预报节目，还可以在天气预报中插播病虫信息，也可以将病虫信息做成流动字幕。

2．广播、报纸

植保部门可以与广播、报纸等传统媒体合作，定期刊登、播报病虫发生信息。

3．互联网

计算机网络在预报发布和信息服务中可以发挥不可或缺的作用。植保机构可将病虫预报放到相关专业网站上，为相关机构与广大农户及时了解病虫信息提供方便。

4．号码百事通、手机短信

号码百事通、手机短信是一种新的快捷预报发布方式。植保部门可与电信企业合作，设置专用号码，用户用固定电话拨打，按照语音提示，就可以收听最新的病虫发生和防治信息；手机非常普及，接收短信方便、快捷。植保部门可以建立短信平台数据库，利用手机短信群发业务发布病虫防治信息，发布至有关乡（镇）党政分管领导、部门负责人、各行政村负责人及各乡（镇）、村机防队。

病虫信息的发布正在由过去比较单一的文字形式逐步向多元化、形象化和可视化的方向迈进，在及时宣传动员、指导广大农民有效开展病虫害防治中将发挥越来越大的作用，从而进一步扩大病虫测报在农业防灾减灾中的公共服务作用。

## 二、病虫信息文本的写作

病虫信息文本，其内容通常分三部分：一是病虫害的现况，简单叙述调查统计的结果，包括分片调查的情况；二是预测结果，包括发生期、发生量或发生程度、为害程度等；三是防治意见，包括防治时间、防治对象田、防治的方法和有关注意事项等。

【案例 2-15】下文是江苏省南通市通州区植保站在互联网上发布的一期病虫情报的截图。

# 通州果蔬病虫情报

第二期

南通市通州区植保站　　2012年8月17日

### 四代斜纹夜蛾发生趋势及防治意见

根据本站灯下及性诱剂系统观测，预计今年第四代斜纹夜蛾于8月中下旬进入卵孵盛期，发生时间比去年提早6天，发生量略高于去年，希各镇高度重视，切实做好四代斜纹夜蛾的防治工作。

**一、发生趋势**

**1、发生期：**据本站性诱剂观测，今年第三代斜纹夜蛾成虫高峰出现在8月12～13日，灯下观测成虫高峰出现在8月12日，预计8月19～20日左右进入四代卵孵盛期。

**2、发生量：**性诱剂高峰日单盆蛾量平均58.5头，另据早栽花菜上的卵系统观察，产卵高峰出现在8月16日，当日百株卵量10块，目前田间卵量仍有上升的趋势。结合当前气象等因素，预计今年四代斜纹夜蛾为中等发生。

**二、防治意见**

目前天气有利于四代斜纹夜蛾的发生，希望各镇密切关注虫情发生动态，全力抓好四代斜纹夜蛾的防治工作。

1、防治对象田：大豆、豇豆等豆科作物；花菜、白菜等十字花科作物；芋艿、秋季瓜类及棉田。

2、防治适期：8月19～20日第一次用药，隔5～7天再用第二次药。

3、防治药剂：亩用20%氯虫苯甲酰胺10ml，或3%阿维氟铃脲100ml或1.14%甲维盐80～100g，或40%辛硫磷50ml/亩+4.5%高效氯氰菊酯20ml/亩。

4、注意事项：

（1）斜纹夜蛾有昼伏夜出的习性，因此用药时间宜在早晨或傍晚。

（2）掌握正确喷药方式，喷药时要注意均匀周到，除了作物植株上的各个部位都要均匀喷到药外，对植株根际附近地面也要同时喷透，以防滚落地面或钻入土表层的幼虫而漏治。

（3）注意药剂交替使用，以防抗药性的产生。蔬菜上严禁使用高毒高残留农药，严格遵守用药至采收安全间隔期15天。

在电视、网络上发布的病虫信息，则可以包含反映病虫形态特征、发生规律、为害症状等信息的图片、文字或动态素材。

乡、村级发放的纸质材料或乡村广播站发布的病虫信息要注意详略得当，切忌罗列繁冗的数据，可讲清病虫害发生的程度，与往年相比如何，重点讲清需防治的田块类型、防治时间、防治方法和注意事项等；还要注意通俗易懂，将专业术语通俗化。

## 复习思考题

1．用不同的语句解释始盛期、高峰期和盛末期。

2．由害虫诱集资料分析其高峰期有哪两种方法？在实际工作中，两种方法各有何优缺点？

3．如何将系统调查的各日（或各时间段）发生率数据转换为各时间点发育进度数据？

4．害虫发育进度的田间调查主要有哪两种方法？两种方法有何不同（从调查次数、调查内容、调查结果、调查结论等方面分析）？

5．已知某害虫某虫态的 $C$ 和 $K$ 值以及一段时间每天的实测温度，如何计算这段时间的有效积温最简单？

6．试分析，预测害虫发生量的几种方法中，哪种方法更能体现多种环境因素的综合作用？

7．想一想，预测害虫发生量的几种方法中，哪些方法能进行定量预测（预测出发生量）？

# 实验实训部分

## 实验实训一　模拟随机抽样

### 一、目的要求

通过本实验实训，掌握随机抽样的基本方法。

### 二、用品和材料

（1）棉铃虫卵量实况图（图 3-1）；
（2）随机数字表（表 3-1）或计算机。

### 三、操作步骤和方法

#### （一）划分总体单元，并编号

1．划分单元
根据拟抽样点的形状和大小划分总体单元。
2．编号
进行单向编号或两向编号。编号应从 0 号开始。

#### （二）确定样点所在的单元号码

方法 1：利用随机数字表

（1）查随机数字表，获得随机数字。抓住一支铅笔的上端，让其从随机数字表上方任意位置自由落下，从笔尖落点处向任一方向连续读数。每次读取位数与最大号码位数相同。读数个数为样本容量的 1 倍或 2 倍数。

（2）对所得随机数字进行转换，确定样点号码。拟用作样点号码的原始读数中，大于单元最大号码的，取“读数/（最大号码＋1）”所得的余数作样点号码。

| | 00 | 01 | 02 | 03 | 04 | 05 | 06 | 07 | 08 | 09 | 10 | 11 | 12 | 13 | 14 | 15 | 16 | 17 | 18 | 19 | 20 | 21 | 22 | 23 | 24 | 25 | 26 | 27 | 28 | 29 | 30 | 31 | 32 | 33 | 34 | 35 | 36 | 37 | 38 | 39 | 40 | 41 | 42 | 43 | 44 | 45 | 46 | 47 |
|---|---|---|---|---|---|---|---|---|---|---|---|---|---|---|---|---|---|---|---|---|---|---|---|---|---|---|---|---|---|---|---|---|---|---|---|---|---|---|---|---|---|---|---|---|---|---|---|---|
| 00 |||||||||1||||1|||1|||||1|||||||||||||||1|||||||||1||||
| 01 |||||||||||||3|||3||2||1|||1|||||||3||||||||||||||||||1|
| 02 ||||||||||||||||||1||||||||||1|1||||1|1|||||||||||||||
| 03 ||||||||||1||1|||||1|1|1|||1|||||1|||||||||||||||||||||1|
| 04 |||1|||||||||||||||1||||||||||||||||1|||||2||||||||||
| 05 |||||2||1|||||1|||1||||||||||||||||||||||||||||||||||
| 06 ||1|1||1|||||1||1||1|1||||||||||||||||||||||||||||||||||
| 07 |1||1|1|1|1||||1|1|1||||||||1|||||||||||||1|||||2|||||||||||
| 08 ||||||||||||||||1|||||||||||1||2|||1||||||2|4||||1||||||
| 09 ||||||||||||1|1|1|2||||||||||1||||||||1||||||4|||||||||
| 10 ||||||||||||||||||||2|1|||||||||||||1||||3|||||||||1|
| 11 ||||||||||||1||1|||||||1|||||||1|||||||||||||||||||||
| 12 ||||||||||||||1|||||||||2||1|||||||||1||2||2|1||||||||1||
| 13 ||||||1||||||1|||||||3||||||||||||||||||||||||||||||
| 14 |||||||||||||||||||1|||||||||||||||||||2||||||||||
| 15 ||||||1|||||||||||||||1|||||2||||||||1||1|1|||1|||||||||
| 16 ||||||||1||||||||||||1|1|||||||||1|||||||||1|||||||||
| 17 ||||||||||1||||1|2||||||||||||||||1||||||5|||||||||
| 18 |||||||||||||||||||||||||||||||||||||||||||||||||
| 19 |||||||||||||||2|1|1|||||||1|1|||||||||||||||1|||||||||
| 20 |2||||||||||||||||||||||||||||||||||||||||||||||||
| 21 ||||||||1||||||||||||||||||||||||||||||||||||||||||
| 22 |||||||||||||||||||||||||||||||||||1|1|3|2|2|1|||1|1|||||
| 23 ||||||||||||||||1||||||||1|1|||||||||||||3|||||||4||1||
| 24 |||||||||||||||||||||||1|||||6|1||||||||||||||||||||
| 25 |||||||||||||||||||||||||||2|||||||||1||||||1||1|||||
| 26 |||||||||||||||||1|||||||||1||||||||||||||||1||1|||1|1|
| 27 |1|||||||||||1||||1||1|||||||||1||||||||||||||1||||1||||
| 28 |1||1|||2||||||||||||||||||||||||||1||||||||1||2|||||||
| 29 |||||||||||1||||||||||2|||||||||||||||||||||||||2|||
| 30 |||1||||||||||||||||||||||||||1|||||||||||2|||||||||
| 31 ||||||||||2||||||||2|||||||1|||||2|||||||||||||||4|||
| 32 |||3|1||||||||||||||1|||||||||||||||||||1|2|||1|1||1||||
| 33 ||||||||||||||||1|3||||||||||||4|1|||||||||||||||||3||
| 34 ||||1||||||||||||||||||||||||||||1|1||1||||||||||||||
| 35 |||||||1|1||||||||1|||||||||||||1||1|1||1||||||1||||||||
| 36 ||||||1|1|1|1||||1|||||||1|||||||||1||||||||||||||||||||
| 37 |2||||2|2|1|1||||||1|||1|||||||||1||||||||1||||||||||1|1|||
| 38 ||||1|1|1|||||||||||1|||1||||1|5|1|||2|1||1|2|||2|1||||||||||||
| 39 |||1|1||||||||||||||||1|||||||||||||||||||||||||||||

图中每个小方格代表1株棉花，其中的数字为棉铃虫卵量（空白表示卵量为0）

图 3-1 棉铃虫卵量实况图

表 3-1 随机数字表

| 编号 | 1 | 2 | 3 | 4 | 5 | 6 | 7 | 8 | 9 | 10 | 11 | 12 | 13 | 14 | 15 | 16 | 17 | 18 | 19 | 20 | 21 | 22 | 23 | 24 | 25 |
|---|---|---|---|---|---|---|---|---|---|---|---|---|---|---|---|---|---|---|---|---|---|---|---|---|---|
| 1 | 8 | 2 | 0 | 3 | 1 | 4 | 5 | 8 | 2 | 1 | 7 | 2 | 7 | 3 | 8 | 5 | 5 | 2 | 9 | 0 | 6 | 3 | 1 | 6 | 4 |
| 2 | 0 | 8 | 7 | 3 | 3 | 1 | 9 | 7 | 5 | 2 | 5 | 7 | 6 | 9 | 8 | 0 | 3 | 6 | 2 | 5 | 1 | 2 | 7 | 5 | 2 |
| 3 | 2 | 3 | 3 | 8 | 6 | 1 | 4 | 2 | 4 | 0 | 2 | 6 | 1 | 8 | 9 | 5 | 2 | 6 | 9 | 8 | 3 | 4 | 0 | 1 | 0 |
| 4 | 4 | 7 | 5 | 5 | 6 | 3 | 0 | 7 | 7 | 1 | 9 | 1 | 6 | 1 | 7 | 4 | 1 | 7 | 1 | 3 | 7 | 9 | 3 | 3 | 7 |
| 5 | 1 | 9 | 3 | 0 | 5 | 3 | 4 | 9 | 5 | 5 | 2 | 7 | 5 | 8 | 0 | 3 | 4 | 8 | 8 | 1 | 2 | 7 | 5 | 3 | 4 |
| 6 | 2 | 8 | 7 | 8 | 1 | 4 | 1 | 4 | 9 | 4 | 2 | 4 | 1 | 5 | 2 | 9 | 4 | 6 | 2 | 1 | 5 | 2 | 8 | 1 | 9 |
| 7 | 8 | 4 | 8 | 5 | 1 | 3 | 9 | 6 | 6 | 0 | 7 | 2 | 1 | 9 | 0 | 2 | 0 | 6 | 7 | 0 | 6 | 0 | 1 | 3 | 0 |
| 8 | 0 | 3 | 8 | 8 | 4 | 7 | 5 | 1 | 5 | 1 | 7 | 3 | 4 | 5 | 2 | 0 | 7 | 4 | 7 | 9 | 6 | 6 | 7 | 7 | 4 |
| 9 | 3 | 5 | 3 | 1 | 9 | 3 | 7 | 4 | 5 | 9 | 0 | 2 | 0 | 1 | 4 | 6 | 2 | 5 | 4 | 5 | 8 | 5 | 0 | 9 | 2 |
| 10 | 3 | 4 | 5 | 9 | 5 | 2 | 7 | 9 | 8 | 9 | 0 | 5 | 5 | 8 | 5 | 1 | 7 | 7 | 3 | 5 | 5 | 4 | 7 | 7 | 2 |
| 11 | 4 | 1 | 5 | 3 | 0 | 9 | 1 | 3 | 7 | 2 | 5 | 8 | 7 | 7 | 1 | 3 | 6 | 3 | 9 | 7 | 8 | 7 | 9 | 1 | 7 |
| 12 | 7 | 2 | 9 | 5 | 6 | 7 | 8 | 5 | 4 | 5 | 3 | 4 | 5 | 4 | 1 | 9 | 8 | 6 | 7 | 5 | 7 | 9 | 3 | 1 | 8 |
| 13 | 5 | 9 | 2 | 8 | 9 | 8 | 6 | 4 | 4 | 1 | 5 | 3 | 7 | 7 | 0 | 8 | 0 | 2 | 5 | 6 | 0 | 6 | 1 | 2 | 0 |
| 14 | 1 | 3 | 3 | 3 | 9 | 0 | 5 | 2 | 8 | 7 | 4 | 0 | 9 | 0 | 3 | 7 | 3 | 1 | 7 | 9 | 4 | 5 | 5 | 2 | 8 |
| 15 | 4 | 6 | 0 | 1 | 0 | 8 | 6 | 2 | 1 | 0 | 0 | 5 | 0 | 3 | 1 | 5 | 4 | 9 | 0 | 3 | 7 | 4 | 7 | 0 | 1 |
| 16 | 7 | 7 | 0 | 6 | 6 | 3 | 2 | 8 | 8 | 5 | 8 | 9 | 5 | 6 | 4 | 0 | 5 | 9 | 1 | 8 | 0 | 5 | 4 | 9 | 4 |
| 17 | 3 | 3 | 8 | 5 | 7 | 5 | 7 | 4 | 3 | 4 | 5 | 7 | 9 | 6 | 9 | 5 | 0 | 7 | 7 | 6 | 6 | 8 | 8 | 5 | 9 |
| 18 | 9 | 1 | 7 | 1 | 3 | 6 | 9 | 2 | 9 | 1 | 9 | 4 | 2 | 3 | 3 | 0 | 8 | 1 | 8 | 7 | 7 | 6 | 4 | 7 | 2 |
| 19 | 6 | 2 | 2 | 8 | 0 | 9 | 4 | 5 | 3 | 7 | 2 | 5 | 4 | 6 | 6 | 5 | 6 | 6 | 5 | 0 | 4 | 6 | 5 | 6 | 8 |
| 20 | 1 | 7 | 5 | 9 | 0 | 0 | 2 | 0 | 5 | 6 | 5 | 8 | 5 | 1 | 9 | 5 | 3 | 3 | 7 | 4 | 0 | 5 | 8 | 2 | 4 |
| 21 | 0 | 3 | 9 | 6 | 8 | 4 | 7 | 3 | 5 | 7 | 0 | 6 | 5 | 4 | 7 | 1 | 1 | 8 | 5 | 3 | 2 | 8 | 0 | 9 | 8 |
| 22 | 3 | 0 | 8 | 2 | 8 | 1 | 4 | 4 | 1 | 6 | 7 | 6 | 6 | 9 | 9 | 9 | 7 | 5 | 8 | 9 | 6 | 4 | 5 | 9 | 0 |
| 23 | 9 | 4 | 9 | 1 | 2 | 2 | 0 | 1 | 3 | 2 | 4 | 6 | 7 | 9 | 1 | 8 | 8 | 2 | 9 | 8 | 3 | 2 | 6 | 2 | 9 |
| 24 | 7 | 2 | 5 | 1 | 4 | 4 | 9 | 6 | 5 | 2 | 8 | 5 | 5 | 1 | 0 | 8 | 2 | 6 | 2 | 0 | 6 | 9 | 2 | 2 | 3 |
| 25 | 9 | 9 | 2 | 5 | 7 | 4 | 3 | 1 | 2 | 3 | 6 | 4 | 1 | 5 | 2 | 4 | 0 | 4 | 2 | 2 | 8 | 7 | 1 | 8 | 2 |
| 26 | 2 | 0 | 9 | 1 | 8 | 9 | 4 | 4 | 6 | 1 | 4 | 8 | 6 | 7 | 9 | 2 | 5 | 0 | 6 | 9 | 3 | 3 | 0 | 1 | 2 |
| 27 | 6 | 5 | 2 | 6 | 1 | 2 | 1 | 7 | 7 | 1 | 4 | 7 | 8 | 1 | 4 | 2 | 7 | 3 | 7 | 4 | 0 | 0 | 1 | 2 | 9 |
| 28 | 1 | 2 | 9 | 9 | 6 | 4 | 2 | 5 | 3 | 2 | 7 | 4 | 3 | 2 | 3 | 3 | 8 | 5 | 3 | 3 | 6 | 5 | 5 | 3 | 2 |
| 29 | 3 | 2 | 8 | 3 | 7 | 9 | 6 | 0 | 4 | 8 | 6 | 0 | 5 | 4 | 1 | 1 | 4 | 9 | 0 | 5 | 0 | 9 | 4 | 4 | 1 |
| 30 | 0 | 9 | 3 | 4 | 1 | 1 | 9 | 5 | 8 | 3 | 2 | 4 | 6 | 7 | 3 | 4 | 4 | 9 | 2 | 3 | 7 | 2 | 5 | 7 | 8 |
| 31 | 6 | 7 | 5 | 3 | 4 | 2 | 1 | 5 | 5 | 0 | 1 | 2 | 4 | 7 | 5 | 5 | 2 | 6 | 8 | 7 | 8 | 2 | 8 | 0 | 3 |
| 32 | 9 | 6 | 0 | 1 | 3 | 0 | 5 | 3 | 6 | 6 | 2 | 9 | 6 | 0 | 3 | 4 | 7 | 6 | 1 | 1 | 9 | 1 | 6 | 5 | 3 |
| 33 | 4 | 6 | 9 | 9 | 6 | 7 | 8 | 5 | 8 | 1 | 2 | 9 | 2 | 6 | 2 | 4 | 4 | 9 | 0 | 5 | 5 | 4 | 5 | 2 | 0 |
| 34 | 9 | 7 | 7 | 1 | 9 | 2 | 6 | 5 | 6 | 3 | 3 | 6 | 3 | 6 | 8 | 3 | 9 | 9 | 8 | 7 | 7 | 2 | 7 | 9 | 7 |
| 35 | 7 | 5 | 3 | 3 | 3 | 3 | 7 | 3 | 7 | 6 | 7 | 3 | 9 | 1 | 1 | 2 | 3 | 9 | 0 | 9 | 5 | 9 | 6 | 5 | 7 |
| 36 | 2 | 8 | 1 | 3 | 1 | 3 | 4 | 2 | 1 | 0 | 3 | 1 | 2 | 3 | 2 | 0 | 2 | 3 | 9 | 7 | 7 | 5 | 0 | 6 | 9 |
| 37 | 6 | 0 | 9 | 4 | 8 | 8 | 5 | 5 | 3 | 7 | 9 | 0 | 0 | 0 | 0 | 1 | 9 | 2 | 0 | 6 | 1 | 5 | 8 | 4 | 2 |
| 38 | 3 | 5 | 9 | 0 | 7 | 7 | 0 | 1 | 8 | 1 | 2 | 9 | 3 | 4 | 6 | 9 | 2 | 8 | 9 | 8 | 9 | 8 | 6 | 5 | 5 |
| 39 | 4 | 4 | 8 | 1 | 1 | 7 | 4 | 4 | 7 | 4 | 4 | 4 | 1 | 6 | 5 | 9 | 3 | 6 | 5 | 9 | 8 | 3 | 2 | 4 | 3 |
| 40 | 6 | 3 | 9 | 7 | 0 | 6 | 2 | 5 | 3 | 3 | 2 | 6 | 0 | 5 | 1 | 2 | 4 | 3 | 7 | 1 | 0 | 7 | 8 | 2 | 1 |

方法 2：利用计算机程序

（1）情景 1：抽取可重复号码。见案例 1-1。

（2）情景 2：抽取不重复号码。编写一段代码（程序）在 Excel 中作为宏运行，就可以在当前表格的 A 列产生不重复的若干个随机数：①打开 Excel 文档；②按 Alt+F11 进入 vbe 编辑窗口；③按“插入”→“模块”，打开模块窗口；④把下面的代码复制到模块里面，然后关闭；⑤返回 Excel 窗口；⑥按 Alt+F8，打开宏窗口；⑦按“执行”（执行名为“suijishu”的宏）。

代码如下：

```
Sub suijishu（）
Dim t，i，sjs（m+1）
For t = 1 To n
Randomize
sjs（t） = Int（(m+1） * Rnd）
For i = 1 To（t - 1）
If sjs（t） = sjs（i） Then
sjs（t） = Int（(m+1） * Rnd）
i = 0
End If
Next i
Next t
For t = 1 To n
ActiveSheet.Range（"a" & t）.Value = sjs（t）
Next t
End Sub
```

其中，m 为号码最大取值，n 为拟抽的号码的个数。

（三）样点定位

根据所确定的样点号码寻找到相应的单元（样点）。

## 四、作业（任选一题）

（1）以 4×1 株为单位抽取 100 株，单元两向编号。写出利用随机数字表抽样的操作过程和结果。

①写出单元行号、列号取值范围；在实况图中标出单元行号、列号。

②写出随机数字表中的读数起始点（铅笔尖落点在表的第几行、第几列，数字是几）。

③写出读数方向及读数结果（表）。

④写出大读数的转换方法及转换后的数字（表）。

⑤在实况图中用方框标出样点位置。

⑥“检查”各样点卵量，并计算调查结果（百株卵量）。

（2）以 2×2 株为单位抽取 100 株，单元两向编号。写出利用 Excel 随机抽样的操作过程和结果。

①单元行号、列号取值范围。

②利用 Excel 确定样点所在行号、列号的步骤、方法。

③样点所在单元的号码。

④在实况图中标出单元行号、列号，并用方框标出样点位置。

⑤“检查”各样点卵量，并计算调查结果（百株卵量）。

（3）以 1×4 株为单位抽取 100 株，单元单向编号。写出利用 Excel 随机抽样的操作过程和结果。

①单元行号、列号取值范围。

②利用 Excel 确定样点所在行号、列号的步骤、方法。

③样点所在单元的号码。

④在实况图中标出单元行号、列号，并用方框标出样点位置。

⑤“检查”各样点卵量，并计算调查结果（百株卵量）。

## 实验实训二　病虫调查数据的计算

### 一、目的要求

掌握反映病虫害发生情况的常用指标及其计算方法。

### 二、实验原理

（1）被害率用受病虫危害的植物个体（器官）占调查个体（器官）的百分比表示。

（2）虫口密度用单位面积上的虫量，或单个或百个植株（器官）上的虫量表示。

（3）虫害（病情）指数表示作物总体的受害程度，既考虑被害率，又考虑受害个体的受害程度。

（4）某个时刻，某发育级个体在群体中所占的比例称为该发育级占比，进入某个虫态或发育级的个体比例即该虫态或发育级的累积占比反映了在这一时刻昆虫群体的发育进度。

（5）损失主要表现为产量或经济收益的减少。

## 三、实验材料

病虫害发生量或发生程度的调查资料及计算要求。

（1）调查某作物田块内某种害虫的为害情况，共取样 10 点，每点 20 株，各点有虫株数分别为 6，4，0，10，14，16，2，8，8，10。试计算有虫株率。

（2）调查某作物上的某种害虫，取样 10 点，每点 0.11 $m^2$，各点虫量分别为 1，3，2，3，0，3，2，3，2，1。试计算虫口密度。

（3）调查棉蚜密度，共取样 100 株，按下列标准分级记载并统计各级株数，结果见表 3-2。试计算蚜量指数。

表 3-2　一次棉蚜数量分级调查结果

| 级别 | 标准/（头/株） | 株数 |
|---|---|---|
| 0 | 0 | 15 |
| 1 | 1～10 | 30 |
| 2 | 11～50 | 50 |
| 3 | ＞50 | 5 |

（4）调查某作物上的蚜虫数量，共取样 100 株，按下列标准分级记录各株级别并统计各级株数，结果见表 3-3。

表 3-3　一次蚜虫数量分级调查结果

| 级别 | 标准/（头/株） | 株数 |
|---|---|---|
| 1 | ≤5 | 10 |
| 2 | 6～20 | 30 |
| 3 | 21～50 | 50 |
| 4 | ＞50 | 5 |

试计算蚜量指数（用与病情指数计算相似的公式）。

（5）某地某年 8 月 5 日调查某螟虫发育级分布见表 3-4，试计算各发育级占比和发育进度。

表 3-4　一次螟虫发育级分布调查结果

| 虫态 | 幼虫 | 蛹 |
|---|---|---|
| 发育级 | 1　2　3　4　预蛹 | 一　二　七 |
| 活虫数 | 5　6　29　23　12 | 5 |

（6）调查水稻纹枯病，在一块田中取样 20 点，每点 5 穴，按下列标准分级记录各穴级别并统计各级穴数，结果见表 3-5。试计算普遍率和病情指数。

表 3-5　一次水稻纹枯病分调查结果

| 级别（病穴病斑高度） | 株数 |
|---|---|
| 0（整穴无病斑） | 15 |
| 1（病株少或多数植株病斑在稻株 1/4 以下） | 15 |
| 2（多数病株病斑在 1/4～1/2） | 20 |
| 3（多数病株病斑在 1/2～3/4） | 35 |
| 4（多数病株病斑在 3/4 以上） | 15 |
| 5（多数病株发病枯死） | 0 |

（7）调查某作物上的某种病害，共取样 200 株，查得 160 株发病，各病级株数分别见表 3-6。

表 3-6　某病害调查结果

| 严重度级别 | 代表值 | 株数 |
|---|---|---|
| 1 | 3 | 50 |
| 2 | 4 | 60 |
| 3 | 5 | 50 |

试计算病害的普遍率和病情指数。

（8）某作物在自然情况下产值是每公顷 15 000 元，如进行病虫防治，产值可达每公顷 18 000 元（扣除防治成本）。试计算经过病虫防治挽回的损失是百分之多少。

## 四、操作步骤

（1）分析资料和指标类型。

（2）选用适当公式并具体化。

（3）代入数据进行计算。

## 五、实训作业

写出实验材料中各题的计算公式、过程和结果。

# 实验实训三　害虫发生期预测（一）

## 一、目的要求

掌握在发育进度系统调查基础上进行害虫发生期预测的方法。

## 二、实验原理

（1）某虫态的进度达到 16%（50%、84%）左右的日期就是该虫态的始盛期（高峰期、盛末期）。

（2）某虫态的始盛期（高峰期、盛末期）+当时气温下该虫态的历期＝后一虫态的始盛期（高峰期、盛末期）。

## 三、实验材料

（1）害虫发育进度调查资料。

（2）害虫有关历期资料。

## 四、操作步骤

类型Ⅰ（根据田间系统调查所得的发育进度资料进行分析、预测）

（1）根据调查所得发育进度资料判断调查虫态的始盛期、高峰期或盛末期。

（2）用分析得到的始盛期、高峰期或盛末期加有关历期进行预测。

类型Ⅱ（根据诱集所得的发生量资料进行分析、预测）

（1）根据发生量资料直接判断所调查虫态的始盛期、高峰期或盛末期。也可以先计算发生率，根据所得的发生率数据计算所调查虫态的进度，然后根据计算所得的发育进度数据判断该虫态的始盛期、高峰期或盛末期。

（2）用分析得到的始盛期、高峰期或盛末期加有关历期进行预测。

## 五、实训作业

（1）已知一代二化螟成虫产卵前期为 1 天，二代卵历期 4.6 天，试根据本书表 2-4 中羽化进度资料推算二代二化螟卵高峰日和卵孵高峰日。

（2）假设表 3-7 为今年某地二代三化螟诱蛾量数据。已知三化螟的产卵前期为 1 天，三代卵历期一般为 8 天，试用两种方法分析羽化高峰期，然后预测其卵孵高峰期。

表 3-7 二代三化螟诱蛾量表

| 日期 | 诱蛾量/头 | | |
|---|---|---|---|
| 7 月 14 日 | 4 | | |
| 7 月 15 日 | 17 | | |
| 7 月 16 日 | 27 | | |
| 7 月 17 日 | 71 | | |
| 7 月 18 日 | 156 | | |
| 7 月 19 日 | 345 | | |
| 7 月 20 日 | 321 | | |
| 7 月 21 日 | 215 | | |
| 7 月 22 日 | 78 | | |
| 7 月 23 日 | 17 | | |
| 7 月 24 日 | 7 | | |
| 7 月 25 日 | 2 | | |
| 7 月 26 日 | 2 | | |
| 7 月 27 日 | 1 | | |
| 7 月 28 日 | 2 | | |
| 7 月 29 日 | 1 | | |

# 实验实训四　害虫发生期预测（二）

## 一、目的要求

掌握在关键时期分龄分级调查后进行害虫发生期预测的方法。

## 二、实验原理

（1）某发育级的进度为16%（50%、84%）的日期就是该发育级的始盛期（高峰期、盛末期）。

（2）某发育级的始盛期（高峰期、盛末期）+当时气温下该发育级的历期＝后一发育级的始盛期（高峰期、盛末期）。

## 三、实验材料

（1）害虫发育级分布调查资料。

（2）害虫有关历期资料。

## 四、操作步骤

类型Ⅰ（根据单一类型田的发育级分布资料进行分析、预测）

（1）根据调查所得的发育级分布数据计算各发育级的进度。

（2）找进度达始盛期、高峰期或盛末期标准的发育级。

（3）用调查日加达标发育级的历期（或取其一半）再加后面若干发育级的历期进行推算。

类型Ⅱ（根据分类型田调查所得的发育级分布资料进行分析、预测）

（1）由各类型田的发育级占比数据计算各发育级的平均占比。

（2）根据各发育级的平均占比计算各发育级的进度。

（3）找发育进度达始盛期、高峰期或盛末期标准的发育级。

（4）用调查日加达标发育级的历期（或取其一半）再加后面若干发育级的历期进行推算。

## 五、实训作业

（1）某地某年8月3日调查某螟虫发育级分布见表3-8。

**表3-8　某螟虫发育级分布表**

| 虫态 | 幼虫 | | | | | 蛹 | | | | | | |
|---|---|---|---|---|---|---|---|---|---|---|---|---|
| 龄、级 | 1 | 2 | 3 | 4 | 预蛹 | 一 | 二 | 三 | 四 | 五 | 六 | 七 |
| 活虫数/头 | | 3 | 4 | 18 | 16 | 8 | 2 | | | | | |
| 历期/天 | 5.5 | 5 | 7 | 9.2 | 3 | 1.2 | 1.2 | 1.1 | 1.1 | 1.2 | 1.2 | 1.1 |

其各发育级历期见该表 3-8 最后一行。试预测羽化高峰日。

（2）某地某年 8 月 2 日调查某螟虫发育级分布见表 3-9。

表 3-9 两类型田螟虫发育级分布表

| 稻田类型 | 面积/$hm^2$ | 虫口密度/（头/$hm^2$） | 各虫龄占比/% | | | | | 各蛹级占比/% | | | | |
|---|---|---|---|---|---|---|---|---|---|---|---|---|
| | | | 1 龄 | 2 龄 | 3 龄 | 4 龄 | 预蛹 | 一级 | 二级 | 三级 | 四级 | … |
| 甲 | 2 | 7 500 | 5 | 20 | 25 | 30 | 10 | 6 | 4 | | | |
| 乙 | 4 | 15 000 | | | 15 | 25 | 25 | 20 | 7 | 5 | 3 | |

发育级历期同上题（表 3-8），试预测羽化高峰日。

## 实验实训五　害虫发生期预测（三）

### 一、目的要求

学会根据已知的 $C$、$K$ 值、温度资料预测害虫发生期。

### 二、实验原理

（1）$N(T-C)=K$

（2）$N_1(T_1-C)+N_2(T_2-C)+N_3(T_3-C)+\cdots+N_{n-1}(T_{n-1}-C)+N_n(T_n-C)=K$

（3）$T_1-C+T_2-C+T_3-C+\cdots+T_{N-1}-C+T_N-C=K$

### 三、实验材料

有关害虫的发生期、$C$ 和 $K$ 值及温度资料。

### 四、操作步骤

（1）估计预测日期所在的旬（或候）。

（2）计算在最后一旬（或候）中所需的发育时间。

（3）根据计算结果作出结论。

### 五、实训作业

写出下列各题的分析、计算过程和结果。

（1）已知蚕豆象卵的 $C$=11.45℃，$K$=79.7 d·℃。当地 4/下、5/上、5/中的常年

旬均温分别为 15.3℃，16.8℃，18.4℃。试预测 4 月 25 日卵峰的孵化日。

（2）已知蚕豆象卵的 $C$=11.45℃，$K$=79.7 d·℃。某年 4 月 26—30 日各日实测温度分别为 15.8℃，16.0℃，12.4℃，12.5℃，13.6℃，该年气象部门预测的 5 月上旬平均气温为 17.5℃，当地常年 5 月中旬平均气温为 18.5℃。试预测该年 4 月 25 日卵峰的孵化日。

# 实验实训六　害虫发生量预测

## 一、目的要求

熟悉害虫发生量的有效基数预测法和经验指数预测法。

## 二、实验原理

（1）$P = P_0\left[e\dfrac{f}{f+m}(1-M)\right]$

（2）经验指数是由反映病虫害虫影响因子的简单变量复合而成的，并且经对历史资料的统计分析证明与害虫发生量有显著相关关系的复合变量。

## 三、实验材料

（1）某地森林病虫害防治站据历年采用室内外相结合连续观测方法所得资料，总结出：常年赤松毛虫越冬代雌雄性比为 50∶51；越冬蛹羽化率为 0.683；成虫死亡率为 0.658；雌成虫平均产卵量 375.5 粒；卵孵化率为 0.945；1～5 龄幼虫死亡率为 0.957。某年越冬蛹实测平均密度为 5.7 头/株，试预测该年幼虫暴食期（5 龄）发生量。

（2）通州市植保站积累了关于中黑盲蝽的资料见表 3-10。

表 3-10　中黑盲蝽发生量及其影响因素

| 年份 | $X_1$（基数） | $X_2$（温度） | $X_3$（湿度） | $Y$（发生量） |
|---|---|---|---|---|
| 1985 | 14.46 | 28.31 | 80.9 | 52.14 |
| 1986 | 13.34 | 26.67 | 88.2 | 48.51 |
| 1987 | 6.65 | 25.47 | 91.1 | 38.94 |
| 1988 | 12.00 | 29.70 | 81.8 | 30.00 |

| 年份 | $X_1$（基数） | $X_2$（温度） | $X_3$（湿度） | $Y$（发生量） |
|---|---|---|---|---|
| 1989 | 4.00 | 28.23 | 82.4 | 17.60 |
| 1990 | 2.27 | 30.22 | 78.6 | 13.60 |
| 1991 | 2.00 | 29.86 | 77.9 | 4.00 |
| 1992 | 0.40 | 29.94 | 77.8 | 5.85 |

四代若虫发生程度的分级标准见表 3-11。

①试确定一种经验指数，并确定预测指标，用来预测四代若虫的发生程度。

②某年 $X_1$=3.4，$X_2$=24.98，$X_3$=82.5，试预测四代若虫的发生程度。

表 3-11　中黑盲蝽发生程度分级

| 发生程度 | 密度/（头/百株） |
|---|---|
| 轻 | ＜15 |
| 中等偏轻 | 15～25 |
| 中等 | 25～35 |
| 中等偏重 | 35～45 |
| 重 | ≥45 |

## 四、实验步骤

1. 有效基数预测法

（1）分析种群参数的含义。

（2）组建运算式。

（3）将数据代入运算式进行计算，得出预测结果。

2. 经验指数预测法

（1）构建不同的复合变量，并选择与害虫发生量相关性最好的作为经验指数。

（2）计算害虫发生量对经验指数的回归方程。

（3）求对应于害虫不同发生程度的经验指标。

（4）根据预测年的基数和温湿度条件预测害虫发生程度。

## 五、实训作业

写出实验材料的分析、计算过程和结果。

# 实验实训七　作物病害预测

## 一、实验目的

熟悉病害的一种经验指数预测法。

## 二、实验原理

（1）某些病害流行受多个环境因素的影响。

（2）经验指数是由反映影响病害发生的多个环境因素（单变量）复合而成的，并且与病害流行程度有显著相关关系的复合变量。

## 三、实验材料

（1）小麦赤霉病流行的气象三要素指标（表 2-12）。

（2）小麦赤霉病流行程度与气象要素编码和相关表（表 2-13）。

（3）预测年小麦感病阶段的气象要素数据。

湖北某年 4 月中旬至 5 月中旬的天气中长期预报结果为：降雨量≥350 mm，雨量≥0.1 mm 的降雨天数为 23～28 天，日照时数＜170 小时。试预测该年当地小麦赤霉病的流行程度。

## 四、实验步骤

（1）根据材料（1）计算材料（3）中各气象要素的编码值。

（2）计算气象要素编码和。

（3）对照材料（2）作出预测结论。

## 五、实训作业

写出实验材料（3）的计算过程和预测结果。

# 项目实训部分

## 项目实训一　田块内病虫的抽样调查

——以小麦主要害虫及其天敌发生情况调查为例

### 一、教学目标

通过本项目的教学，学会在一块田内进行病虫害抽样调查的步骤和方法，为大范围调查打下基础。同时，提高相关方法能力，培养吃苦耐劳的精神、实事求是的作风和团队协作意识。

### 二、项目分析

病虫害的调查，不管范围多大，多数情况下最后都要落实到具体的田块内进行抽样观测。

田块内的抽样调查有三大步骤：抽样、观测和数据统计。其主要步骤（工作内容）、要求和相关的知识点、技能点见表 4-1。

表 4-1　病虫害小范围抽样调查的任务分析

| 工作步骤 | 要求 | 知识点 | 技能点 |
|---|---|---|---|
| 抽样 | 抽出数量、位置、形式、大小合适的样点 | 1. 田块内抽样常用的格式及其选择<br>2. 田块内样点的常见形式及其选择<br>3. 确定抽样数量及其构成的原则<br>4. 病虫分布型的概念和类型<br>5. 了解调查对象特点的途径 | 1. 调查对象特点的了解<br>2. 抽样格式的选择<br>3. 样点形式的选择<br>4. 样点数目和大小的确定 |
| 观测 | 通过对样点上病虫的观察、计量，获得较准确的原始数据 | 1. 确定观测时间时要考虑的因素<br>2. 病虫田间观察、计量和记录的方法<br>3. 相对数据的概念、原理 | 1. 调查对象的识别<br>2. 调查对象的观察、计量 |

| 工作步骤 | 要求 | 知识点 | 技能点 |
|---|---|---|---|
| 数据统计 | 通过正确计算，获得比较准确的结果 | 常见病虫发生指标的计算方法 | 相关指标的计算 |

## 三、项目实施

### （一）资讯

在基层，病虫害的调查通常是生产性调查，在病虫害的发生盛期或防治适期即将到来时进行，目的是了解调查生产田中病虫害发生和为害程度，以指导防治。本项目以一块田中小麦穗期主要害虫（麦蚜、粘虫）及其天敌（食蚜蝇幼虫、瓢虫）的生产性调查为例进行学习和训练。训练环境为真实的、处于穗期的小麦田。

学习者除了学习前述一～三部分的内容和知识外，还要通过“农业害虫防治”等课程了解调查对象及其天敌的识别特征（包括大小）、习性（在植株上生活的部位、为害方式和危害状及是否有群集性、假死性等）、调查方法及害虫的防治指标，通过网络资源了解调查对象的分布型、别人的调查方法及可能存在的调查规范。并对将要调查的麦田进行初步踏勘，了解小麦的种植方式、害虫和天敌的大致情况等。

### （二）计划

1．组建项目小组

每组以 5～6 人为宜。分组方法及组长人选协商确定。

2．组间分工

当麦田数量有限或为了了解不同时期害虫发生情况的变化，田间观测可以分批、分期（如分别在始穗期、抽穗期和齐穗期）进行。

3．各组初步制订抽样调查方案

方案中应考虑以下方面：

（1）样点的布局和数目。采取什么样的抽样格式？抽多少样点？不同的昆虫是否用同样的格式和数目？根据昆虫的分布型和聚集程度来确定。

（2）样点的形式。每个样点是表现为一定的面积，还是若干植株？不同的对象是否用相同的样点形式？不同对象的样点是否可以重叠（共用样点）？根据调查对象的特点来确定，同时可以参考防治指标的形式。

（3）样点的大小。根据点数多少和人力、时间等确定。

（4）观察方法。观察什么内容？ 是在植株上直接观察，还是采集后观察？如果采集，用什么方法？根据调查对象的习性确定。

（5）计数方法。是直接计数，还是目测分级？根据调查对象的特点、参考别人的做法或有关规范来确定。

（6）记录方法。记录什么形式的原始数据？如何记录？设计怎样的记录表格？

（7）需要计算的指标。计算哪些指标？根据样点形式、参考防治指标的形式确定。

（8）计算方法。如何计算？

（三）决策

（1）全班讨论确定方案。为了便于不同时期数据的比较，全班可以采用比较统一的方案。

（2）各组根据方案制订本组计划。分工、进度、质量控制、具体实施方案。

（四）实施

按方案和小组计划组织实施（田间确定样点位置、进行观测记录、整理统计数据），并做好工作记录。实施过程中出现问题及时研究解决。

（五）检查

（1）过程检查。实施过程中老师对各组的工作随时检查，发现问题及时指出让学生分析、整改；组长对组员分别承担的任务完成情况检查、督促。

（2）结果检查。各小组应提交原始数据、图片、有关记录和项目报告、工作总结，并派代表参加全班汇报交流；同学、老师对各组的材料进行点评，分析亮点和问题；老师随机抽取小组成员进行答辩。

（六）评价

全班范围内对小组进行评价，小组内对成员进行评价，最后综合小组得分和个人组内得分得到个人的项目总评分。

小组得分由小组代表本组打出的自评分（20%）、互评分（30%）和老师打分（50%）综合而得。

组内个人得分由自评分（20%）、互评分（30%）、组长打分（40%）和老师打分（10%）综合而成。

个人总评分=小组得分×个人组内得分/组内个人得分的平均值

## 四、项目拓展

在训练田块内抽样调查的基础上，到校外实习基地进行大范围的抽样调查训练；或针对基地的实际情况，设计抽样调查方案。

# 项目实训二　一种害虫发生期的调查预测

## 一、目的要求

掌握利用发育进度预测法预测害虫发生期的基本过程和方法。

## 二、步骤和方法

### （一）选取预测对象

选择一种合适的害虫作为调查预测对象。害虫最好处于幼虫和蛹的盛发期，各发育级（至少各虫态）的差别标准和历期可查知。不同小组可选择同种害虫，此种情况下不同组应选择不同类型田（至少是不同地块）。

### （二）调查虫口密度和发育进度

分散多点取样，调查害虫的虫口密度、作物被害率等。同时观察害虫 30 头以上，现场或带回室内分龄分级（至少分虫态），计算各发育级（或各虫态）的占比和发育进度，并设计表格记录（仿照实验实训四的相关表格）。

### （三）搜集有关资料

查阅资料，搜集不同温度下各发育级（或各虫态）的历期或相关期距，以及发生量预测的方法及资料。

### （四）预测

根据调查结果判断调查日是哪个发育级（或虫态）的盛发期（始盛期、高峰期或盛末期），加上一定的历期或期距，预测下一代卵孵高峰期。同时大致预测发生量趋势。

## 三、作业

根据调查、预测结果，撰写病虫情报。